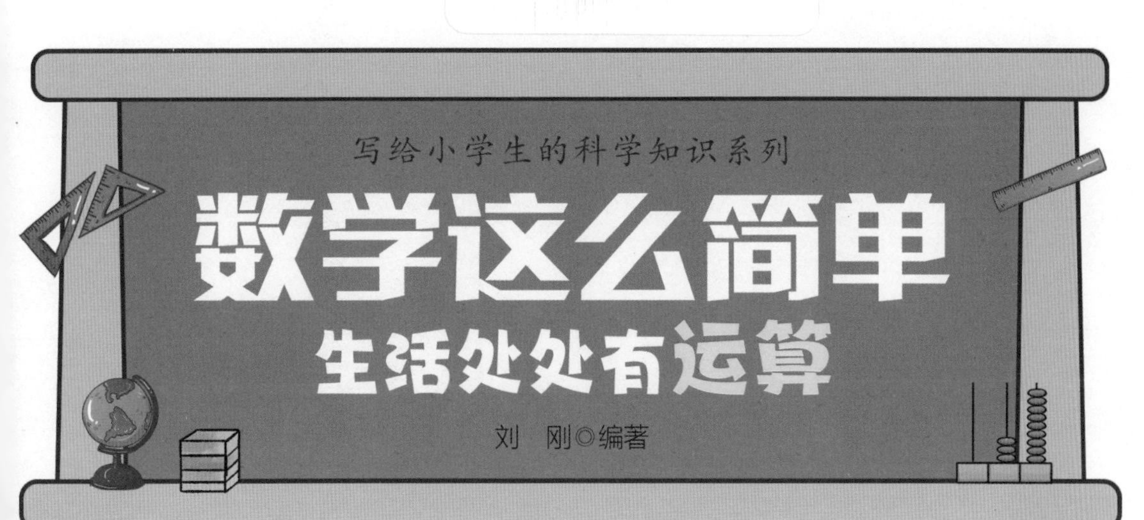

吉林科学技术出版社

**图书在版编目（CIP）数据**

数学这么简单 / 刘刚编著 . -- 长春 : 吉林科学技术出版社 , 2024.2

（写给小学生的科学知识系列 / 吴鹏主编）

ISBN 978-7-5578-9837-3

Ⅰ . ①数… Ⅱ . ①刘… Ⅲ . ①数学－少儿读物 Ⅳ . ① O1-49

中国版本图书馆 CIP 数据核字 (2022) 第 182086 号

**写给小学生的科学知识系列**

# 数学这么简单

SHUXUE ZHEME JIANDAN

---

编　　著　刘　刚
出 版 人　宛　霞
责任编辑　李万良
助理编辑　宿迪超　周　禹　郭劲松　徐海韬
封面设计　长春美印图文设计有限公司
美术编辑　黄雪军
制　　版　上品励合（北京）文化传播有限公司
幅面尺寸　170 mm × 240 mm
开　　本　16
字　　数　150 千字
印　　张　12
页　　数　192
印　　数　1-6000 册
版　　次　2024 年 2 月第 1 版
印　　次　2024 年 2 月第 1 次印刷

出　　版　吉林科学技术出版社
发　　行　吉林科学技术出版社
社　　址　长春市福祉大路 5788 号出版大厦 A 座
邮　　编　130118
发行部电话 / 传真　0431-81629529　81629530　81629531
81629532　81629533　81629534
储运部电话　0431-86059116
编辑部电话　0431-81629378
印　　刷　长春百花彩印有限公司

书　　号　ISBN 978-7-5578-9837-3
定　　价　90.00 元（全 3 册）

# 目录


思维导图　数学运算 / 4

01 超市里的运算小达人 / 6

02 等式里的灵魂：运算符号 / 8

03 加减法在变戏法 / 10

04 凑整法，加减法算得快 / 12

05 更大数的加减法 / 14

06 乘法是一种特殊的加法 / 16

07 升级版的乘法口诀 / 19

08 乘法竖式的技巧 / 22

09 谁是班里的速算小神童 / 24

10 乘法竟然这么有趣 / 26

11 乘法还能变身除法 / 28

12 寻找能被整除的数 / 30

3 找到周期，算出余数 / 32

4 除法也能快速心算 / 34

5 除法与分数有点儿分不清 / 36

6 寻找分数之国的运算秘密 / 38

7 用算式表述小数点的移动 / 40

18 小数变整数再细算 / 42

19 循环小数变分数啦 / 44

20 谁才是真正的推理大师 / 46

21 有趣的短除法 / 48

22 试着列算式吧 / 50

23 神秘先生 x 是万能钥匙 / 52

24 幂数的趣味加减乘除 / 54

25 纠缠不断的字母和数 / 56

26 你会种树吗 / 58

27 列车“飞”起来 / 60

28 盈了还是亏了 / 62

# 思维导图　数学运算

- 整数加法和减法
  - 加减法互逆、计算方法（口算、心算、竖式）、运算定律（加法交换律、加法结合律）、正负数的加减运算方法
- 平方和平方根
- 整数乘除法
  - 乘法
    - 乘法的意义、乘法表的认识、多位数乘一位数、多位数乘多位数、特殊数字的乘法速算技巧、运算定律（乘法交换律、乘法结合律、乘法分配律）
  - 除法
    - 除法的意义、乘除法互逆、除法的竖式、特殊数字的除法心算、整除的特点、短除法、余数的重要性
  - 正负数的乘除运算方法

- 数学符号
  - 运算符号
    - 加号（＋）
    - 减号（－）
    - 乘号（× 或·）
    - 除号（÷ 或／）
    - ……
  - 关系符号
    - 大于（＞）
    - 小于（＜）
    - 等于（＝）
    - 不等于（≠）
    - ……

- 分数混合运算
  - 分数就是除法
  - 分数的乘除法
    - 分数乘整数
    - 分数乘分数、分数的乘除法
    - 分数除法先转换乘法再约分计算
  - 分数的加减法
    - 同分母分数加减法
    - 异分母分数加减法
    - 分数加减混合运算及简便运算

- 小数乘整数
- 小数乘小数
- 小数点位置移动
- 小数除以整数
- 小数除以小数
- 循环小数与分数转换

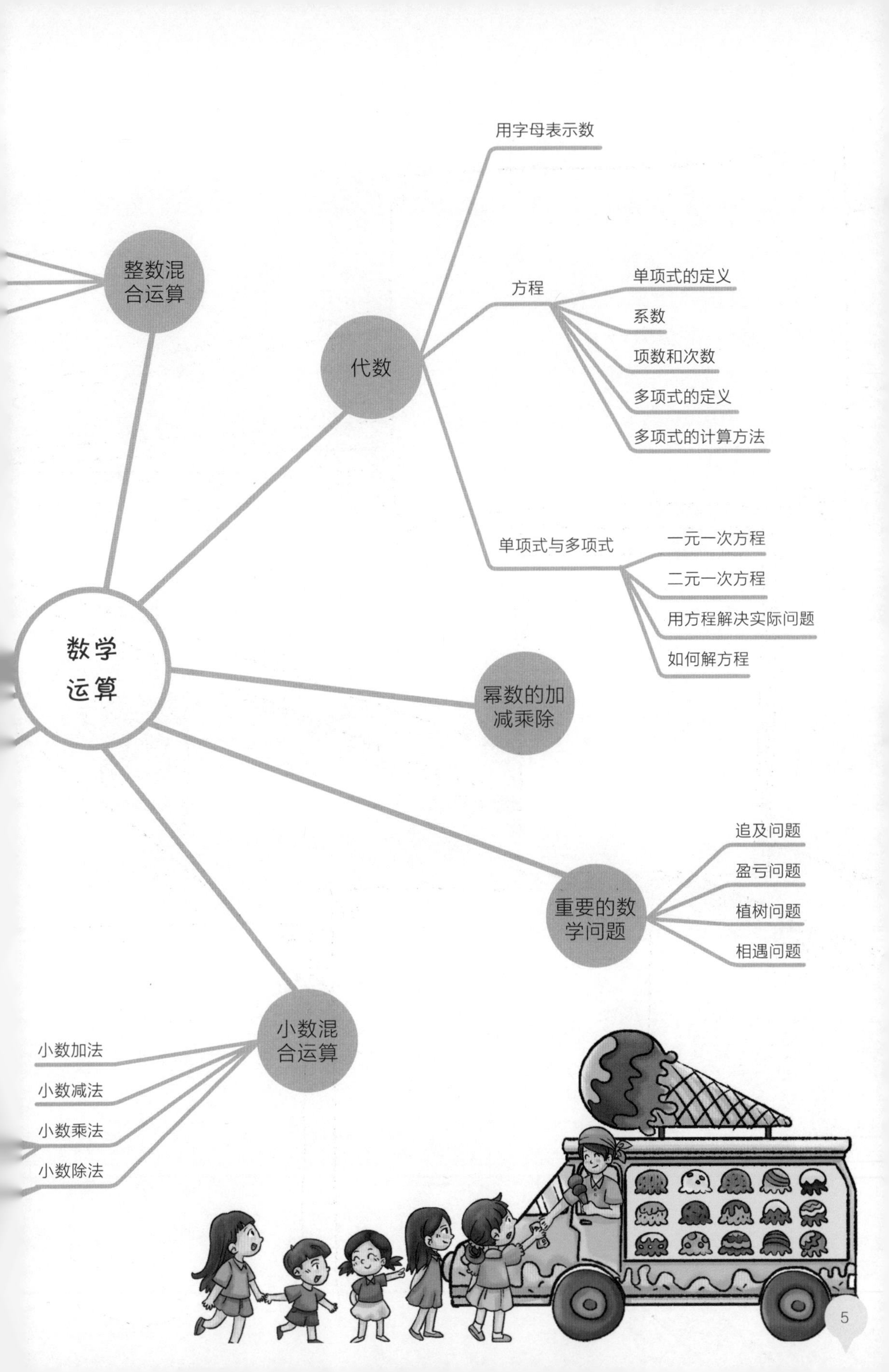
整数混合运算
代数
用字母表示数
方程
单项式的定义
系数
项数和次数
多项式的定义
多项式的计算方法
单项式与多项式
一元一次方程
二元一次方程
用方程解决实际问题
如何解方程
数学运算
幂数的加减乘除
重要的数学问题
追及问题
盈亏问题
植树问题
相遇问题
小数混合运算
小数加法
小数减法
小数乘法
小数除法

# 01 超市里的运算小达人

数学运算，在日常生活中十分普遍。以超市购物为例，走进超市，琳琅满目的商品下面都会有一个标价。你买的商品，都要通过运算得出总价。

或加或减、或乘或除、或平方或立方……一切运算好像都在整个超市商品上方“飘荡”着。

$5^2=5\times5=25$

$3^3=3\times3\times3=27$

$4^2=4\times4=16$

$5^3=5\times5\times5=125$

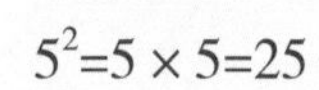

（2+3）×12.5

=5×12.5

=62.5

9.8+9.8×9

=9.8×（1+9）

=9.8×10

=98

2.15×25×4

=2.15×（25×4）

=2.15×100

=215

18×11

=18×（10＋1）

=18×10＋18×1

=180＋18

=198

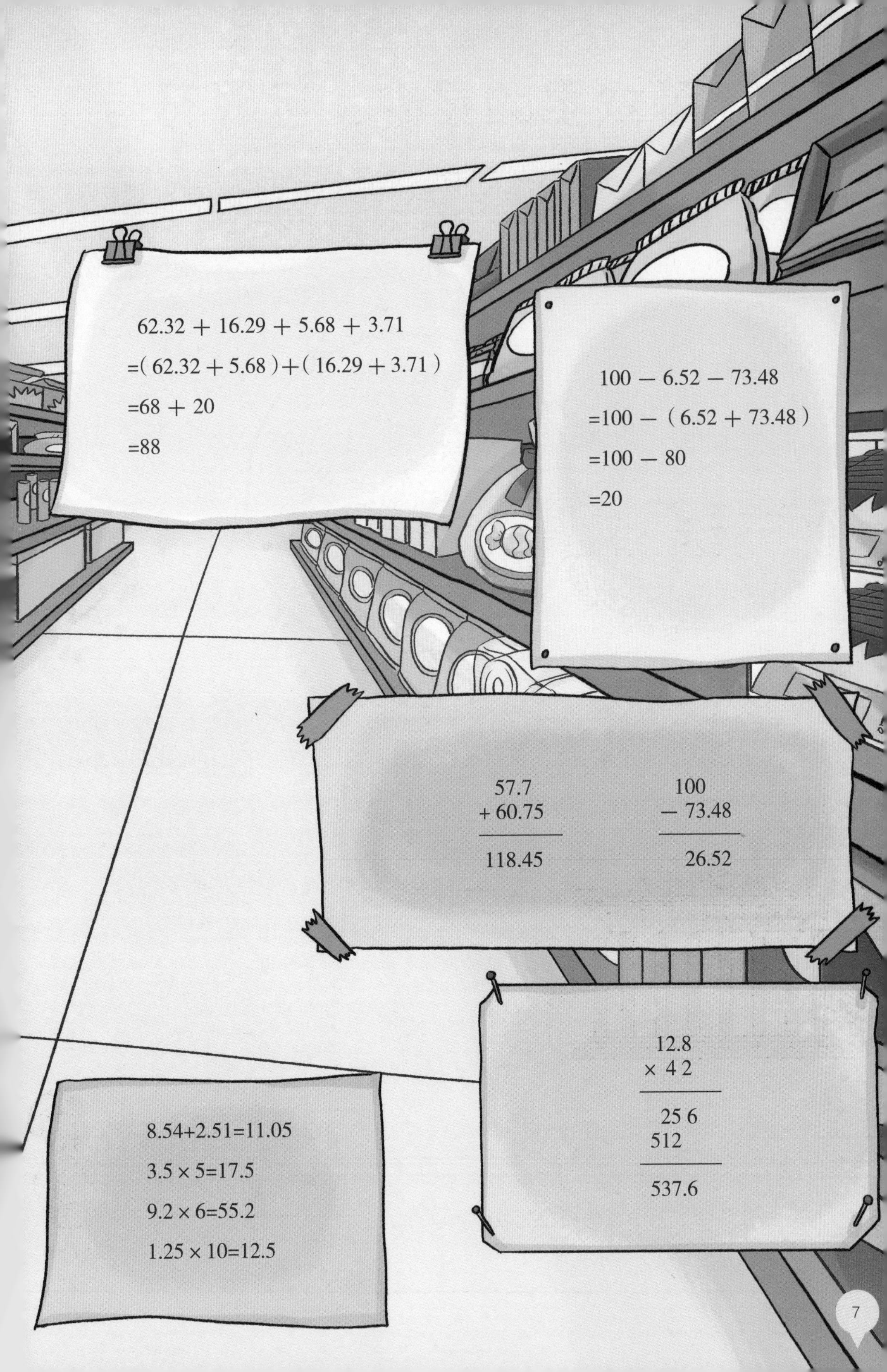
62.32 + 16.29 + 5.68 + 3.71
=( 62.32 + 5.68 )+( 16.29 + 3.71 )
=68 + 20
=88
100 − 6.52 − 73.48
=100 − ( 6.52 + 73.48 )
=100 − 80
=20
57.7
+ 60.75
118.45
100
− 73.48
26.52
8.54+2.51=11.05
3.5 × 5=17.5
9.2 × 6=55.2
1.25 × 10=12.5
12.8
× 4 2
25 6
512
537.6

# 02 等式里的灵魂：运算符号

在世界各国，语言和文字大多都有地域差异，而数学符号是不分国家和种族的。

数学符号有很多，比如数字符号 1、2、3、4……，运算符号 +、—、×、÷，关系符号 =、>、<、≈……数学符号是数学的语言，是人们用来表示、计算、推理和解决问题的工具。

学数学时，天天都要和 +、—、×、÷ 打交道。可是，你知道吗？运算符号并不是随着运算的产生而立即出现的。一开始只有加减乘除法运算，并没有加减乘除符号。下面我们来重点了解运算符号的发展历史。

公元 3 世纪，希腊出现了减号"↑"，但还没有加法符号。5 减 2 表示为：5 ↑ 2。

公元 6 世纪，印度的运算符号"缩水"了，其中减法用在减数前画一点表示。5 减 2 表示为 5 · 2。

中世纪，酒商售出酒后，曾用横线标出酒桶里的存酒：当桶里的酒增加时，使用竖线条把原来画的横线划掉。于是出现了表示减少的“—”，表示增加的“+”。

欧洲人用拉丁字母的 P 表示加，用 M 表示减。5 减 2 表示为 5M2。

在法国数学家韦达的大力宣传下，+、—符号开始普及，于 1630 年得到大家的认可。

1631 年，英国数学家奥特雷德在著作中首次以“×”表示两数相乘，即现代的乘号。

1631 年英国数学家奥屈特用“：”表示除或比，之后瑞士数学家拉哈正式将“÷”作为除号。

1657 年，德国著名数学家莱布尼茨提出倡议，把“=”作为等号，表示“等于”。等号“=”由此产生。

# 加减法在变戏法

两个小朋友正在玩加减法变来变去的游戏！

仔细看，第一行三个算式里用到的数字一模一样，只是变换了加减法符号，数字的位置发生了改变。第二行是同样的道理。

## 加减法变来又变去

加减法就是可以这样相互转化。它的转换公式你会背吗？

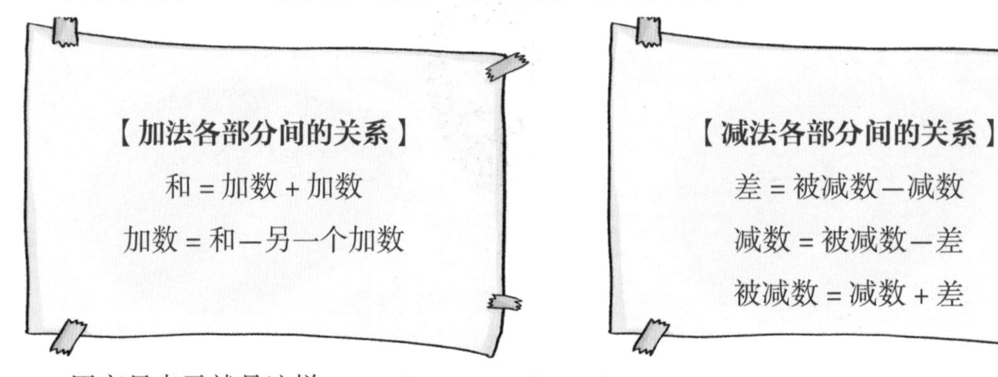


用字母表示就是这样：a ＋ b=c，c−a=b，c−b=a。

基于加减法互逆的这一特点，我们可以帮博士助手解决难题啦！

博士助手想要在一个蛋糕上装饰 125 颗彩虹糖，但他只有 58 颗糖，还差多少颗糖呢？

减法属于加法的逆运算。已知两个数的和与其中一个加数，求另一个加数的运算，其实就是减法。在减法中，已知的和叫作被减数，其中一个加数叫作减数，另一个加数叫作差。

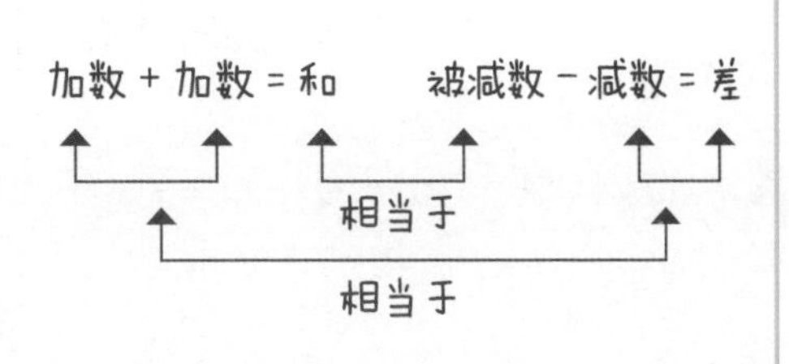


## 加法就是减法，减法就是加法

我国地域辽阔，南北方温差比较明显。某个冬天，某电视台上的天气预报显示北京市的温度是 –5~8℃，上海的温度是 2~13℃。你知道那天上海的最低温度比北京的最低温度高多少摄氏度吗？

2 –（ – 5），属于有理数减法运算，减去一个数等于加上这个数的相反数。具体应该如何把减法变成加法呢？

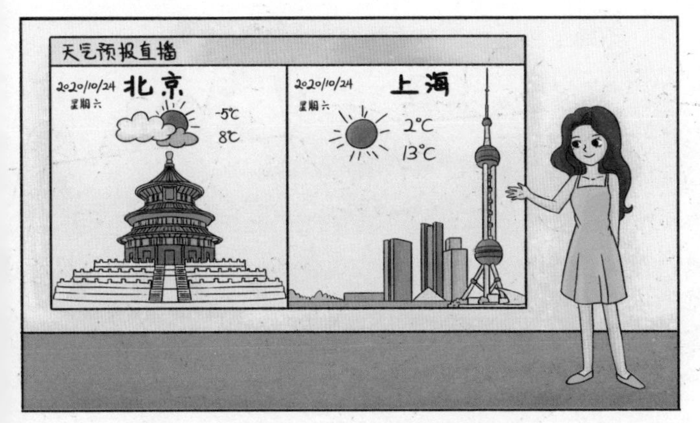


第一步，将减号变成加号；

第二步，将减号后面的减数变成它的相反数。用字母表示：$a - (-b) = a + (+b)$。

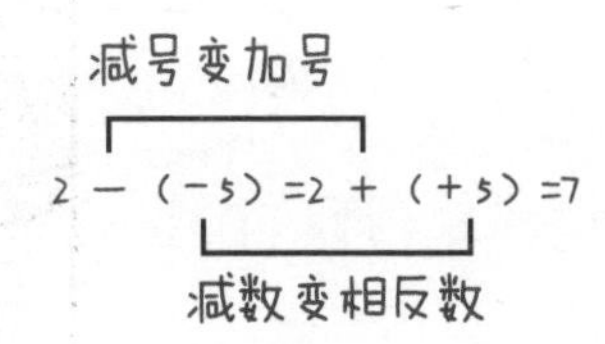


有理数的加法运算呢？同号两数相加，取相同的符号，并把数字相加；异号两数相加，符号看数字较大的符号，再用较大的数字减去较小的数字；如果是互为相反数，两个数相加等于 0；0 加上任何有理数仍得这个有理数。

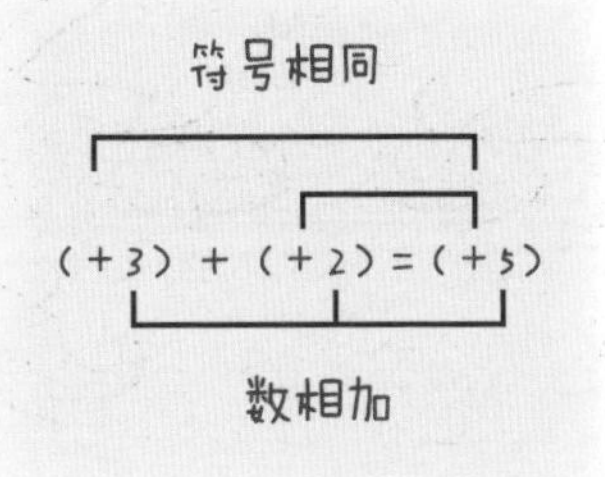


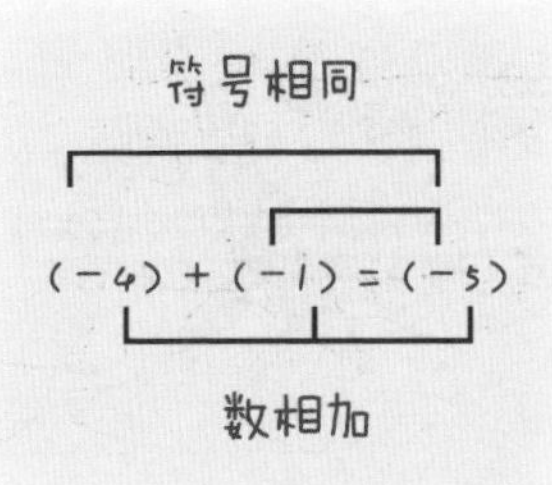


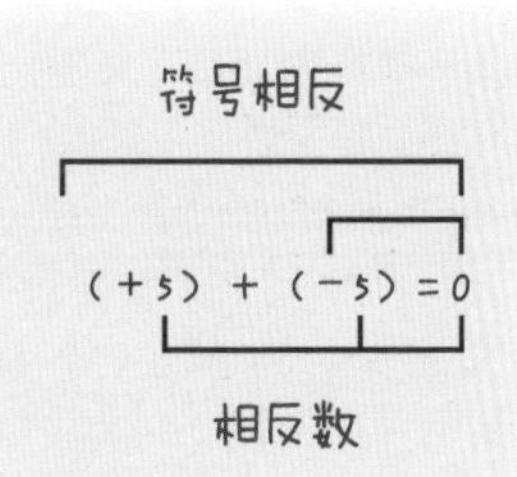

# 04 凑整法，加减法算得快

博士和助理正在实验室里聊着凑整十、整百、整千……加快加减法运算时，一不留神，竟然来到了一个虚拟的恐龙世界。

一群会飞的恐龙刚从他们的头顶上飞过，它们的翅膀上的数字竟然都能凑成 10。

1+9=10 2+8=10 3+7=10 4+6=10 5+5=10

还有恐龙会在水里游泳，有意思吧！岸上 12 只，水里有 9 只，一共有多少只这样的恐龙呢？千万别掰手指，要用技巧心算。

9+12= ?

设法找到你知道的整十数并凑整：

9+11=20

9+12=9+11+1

=20+1

=21（只）

有些恐龙身上还带有骨板。这只正在找食物给自己和宝宝吃的剑龙妈妈身上就有 12 根骨板，她身上的骨板和剑龙宝宝身上的骨板加起来一共有 20 根骨板。你是不是脱口而出：剑龙宝宝有 8 根骨板。

12+8=20（根）

20−12=8（根）

聪明的你已经发现规律：把凑十数中的一个数加上 10，便可凑成 20。以此类推，凑 30、凑 40……也轻而易举。

有一只恐龙正在吃身边的植物。你瞧，它已经吃了 30 片树叶了，再吃多少片才能凑够 100 片呢？

如果你已经掌握了凑十法，将它们扩大 10 倍，你就能得到一些能凑成 100 的数。

100−30= ?

3+7=10

30+70=100

瞧！有些恐龙身上还会有斑点。这只恐龙身上一共有 19 个斑点，身体一侧可以看见有 11 个斑点，你猜另一侧呢？

11+9=20

20−11=9

19 比 20 少 1，需要再减去 1。

19−11=8（个）

所以，另一边有 8 个斑点。

# 05 更大数的加减法

稍大数字的加减法运算如果不能凑整十或整百的数，看着有点难。别担心，一些小窍门能让它们算起来更简单快捷。

博士和助理本就对图形十分敏感，此时路上一闪而过两辆大货车，两人竟然连车上载着的图形和图形上的数字都记得一清二楚。这会儿，博士和助理竟然已经开始研究这两个算式的计算方法了。在进行加减法运算前，可以将个位数和十位数拆开。

33+46=？

47−35=？

把个位数相加　3+6=9

把十位数相加　30+40=70

把运算结果结合在一起　9 + 70 = 79

| | 十位 | 个位 |
|---|---|---|
| | 30 | 3 |
| + | 40 | 6 |
| | 70 | 9 |

= 79

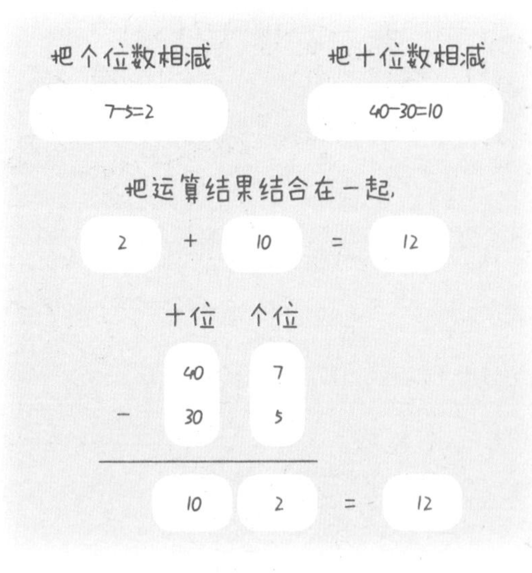


除此之外，你还知道哪些关于加减法的简便运算方法呢？

83−27=？从减数开始，一点点往上加。把每次凑整的数加起来，3+50+3=56，所以，83−27=56。

小小舞蹈家在音乐盒上要转 75 圈，现在已经转了 51 圈，还要转多少圈呢？

我们用拆分凑整法来试试吧。75−50=25，但少减了 1。所以，25−1=24。

小青蛙已经跳了 29 下，如果再跳 15 下，一共跳了多少下呢？

我们用补凑整的办法来试试吧！30+15=45，但多加了 1。减去 1，45−1=44。

如果难度大到不容易心算，你还可以列竖式计算。多大的数字，它都能搞定。只要数位从个位开始一位一位地对齐，出错的可能性一般很小。

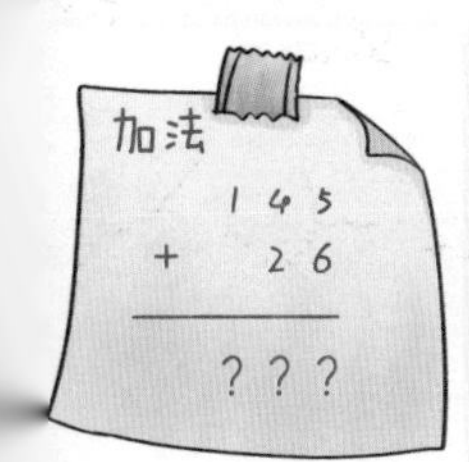


1. 把个位数相加。
2. 把十位数相加。
3. 把百位数相加。

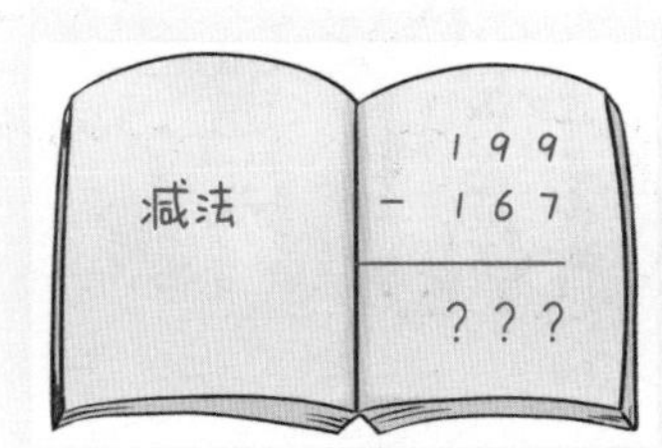


1. 把个位数相减。
2. 把十位数相减。
3. 把百位数相减。

博士下午正坐在一列火车上准备去参加数学研讨会。这列火车是从西宁经过格尔木开往拉萨的。从西宁到格尔木的铁路长 814 千米，格尔木到拉萨的铁路长 1142 千米。你能帮博士算一算西宁到拉萨的铁路长多少千米吗？

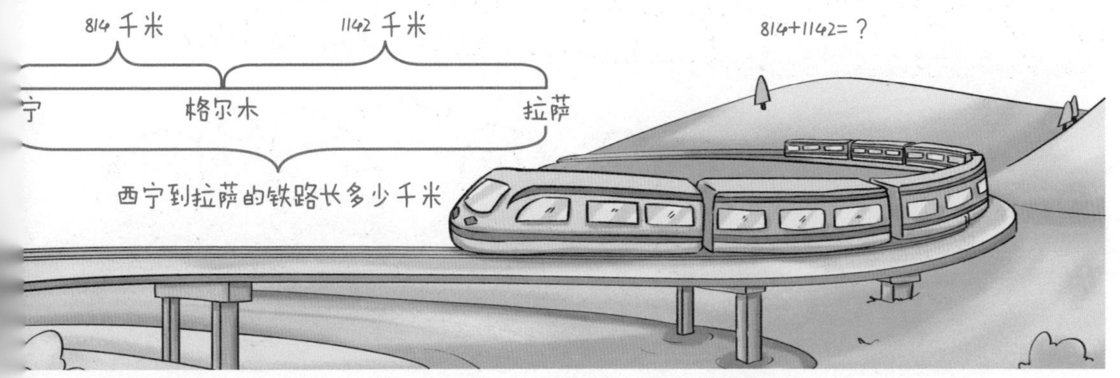


你可以心算，也可以在纸上列竖式算出得数，快来试试吧！

# 06 乘法是一种特殊的加法

还记得博士和助理去过的那个虚拟的恐龙世界吗？还有一只带骨板的恐龙妈妈生了三只小恐龙。每只小恐龙身上都有 5 根骨板，这 3 只小恐龙一共有多少根骨板呢？

相乘的几个数不管怎样变换位置，它们的乘积都是相同的。$a \times b = b \times a$。

乘法其实有很多不同的运算方法，你想用哪一种都可以。

双层巴士的上层每排有 3 个座位，共有 4 排，上层可以坐多少人呢？

你可以这样计算：

3×4，

3 代表每排有几个。

4 代表共有几排。

我们还可以把问题画在网格上，形成一个阵列。在这辆冰激凌车上，小朋友们想尝尝每种口味的冰激凌，会有多少种冰激凌可以选择呢？

你可以这样计算：

3 乘 5，

3 代表阵列的行数。

5 代表阵列的列数。

你还可以把乘法当成是将一个数扩大几倍。这辆动车刚停靠在北京南站，博士和他的朋友都下车了。你能找出他的朋友在哪里吗？博士朋友的行李件数正好是他的 3 倍。

你可以这样计算：

3×2，2 代表博士的行李件数，3 代表将 2 这个数扩大了 3 倍。

乘法还有一种可能：分步骤完成。我们做一件事情，经常需要分几个步骤完成，在完成每一个步骤的时候又有几种不同的方法，完成这件事一共有多少种方法，我们可以用乘法来解决。

在一个 4×4 的方阵里，博士想要让□、△、○、☆站在方格里，每行每列有且只有一个图形。它们站哪里好呢？你给博士出个主意吧。

一个一个形状来放，先放正方形吧，一共有 16 种方法。

正方形位置确定之后，假设固定在左上角，这时，最上面一行、最左边一列就不再需要放其他图形了。

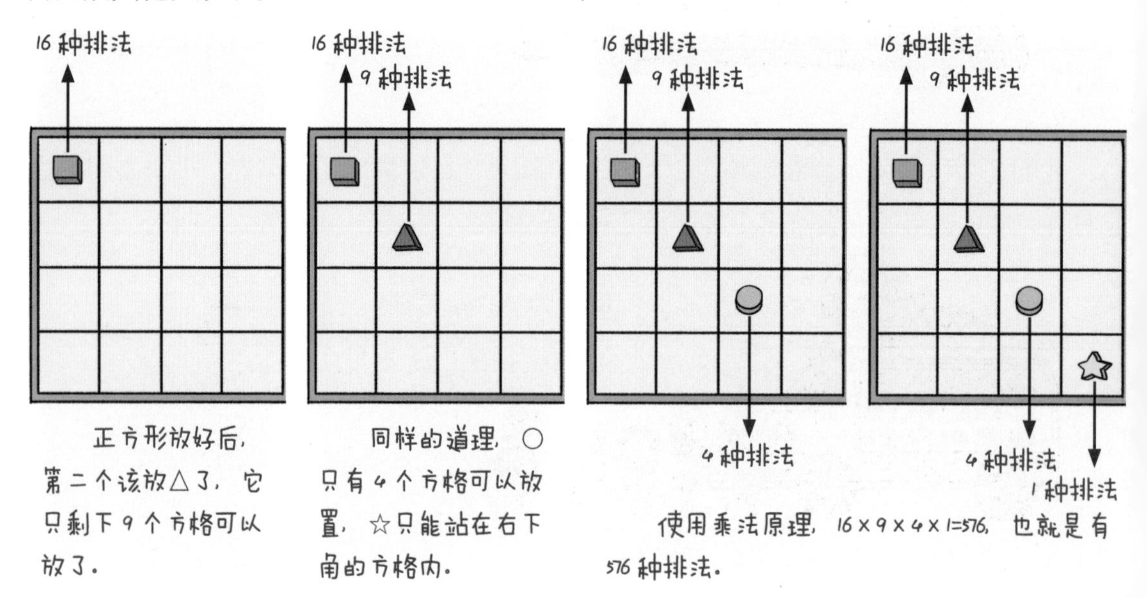


更神奇的是，我们还会碰到有正负数参与的乘法运算。先要根据“同号两数相乘得正，异号两数相乘得负”的规则确定积的符号，再把数字相乘就可以得出结果。

小蜗牛一直以每分钟 2 厘米的速度向右爬行，3 分钟后它会在数轴的什么位置上？

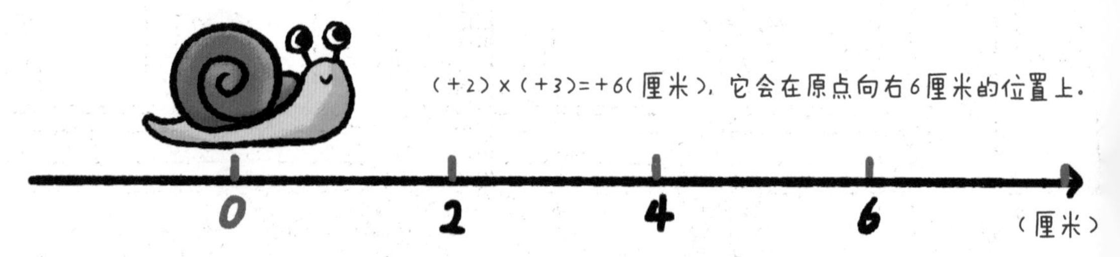


如果小蜗牛站在原点，突然掉转了方向，以每分钟 2 厘米的速度向左爬行，3 分钟后它又会在哪里呢？

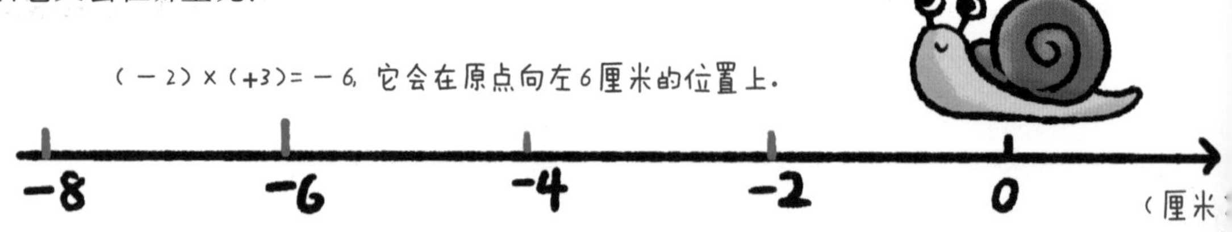

# 升级版的乘法口诀

乘法表是由一组组非常有规律的乘法算式和它们的乘积组成的。在学校里你会学到九九乘法表，下面是进阶版的 12 × 12 的乘法表，你可以通过它学到更多乘法运算的技巧。

你可以从橙色格子中任意挑选一个数字，与黄色格子中的任意一个数相乘，乘积在哪里找呢?

我们用一根手指沿着橙色区域横向移动，另一根手指沿着黄色区域纵向移动，两根手指交叉的地方就是乘积。

| × | 1 | 2 | 3 | 4 | 5 | 6 | 7 | 8 | 9 | 10 | 11 | 12 | × |
|---|---|---|---|---|---|---|---|---|---|---|---|---|---|
| 1 | 1 | 2 | 3 | 4 | 5 | 6 | 7 | 8 | 9 | 10 | 11 | 12 | 1 |
| 2 | 2 | 4 | 6 | 8 | 10 | 12 | 14 | 16 | 18 | 20 | 22 | 24 | 2 |
| 3 | 3 | 6 | 9 | 12 | 15 | 18 | 21 | 24 | 27 | 30 | 33 | 36 | 3 |
| 4 | 4 | 8 | 12 | 16 | 20 | 24 | 28 | 32 | 36 | 40 | 44 | 48 | 4 |
| 5 | 5 | 10 | 15 | 20 | 25 | 30 | 35 | 40 | 45 | 50 | 55 | 60 | 5 |
| 6 | 6 | 12 | 18 | 24 | 30 | 36 | 42 | 48 | 54 | 60 | 66 | 72 | 6 |
| 7 | 7 | 14 | 21 | 28 | 35 | 42 | 49 | 56 | 63 | 70 | 77 | 84 | 7 |
| 8 | 8 | 16 | 24 | 32 | 40 | 48 | 56 | 64 | 72 | 80 | 88 | 96 | 8 |
| 9 | 9 | 18 | 27 | 36 | 45 | 54 | 63 | 72 | 81 | 90 | 99 | 108 | 9 |
| 10 | 10 | 20 | 30 | 40 | 50 | 60 | 70 | 80 | 90 | 100 | 110 | 120 | 10 |
| 11 | 11 | 22 | 33 | 44 | 55 | 66 | 77 | 88 | 99 | 110 | 121 | 132 | 11 |
| 12 | 12 | 24 | 36 | 48 | 60 | 72 | 84 | 96 | 108 | 120 | 132 | 144 | 12 |
| × | 1 | 2 | 3 | 4 | 5 | 6 | 7 | 8 | 9 | 10 | 11 | 12 | |

如果拿手电筒沿着对角线照过去，手电筒发出的光正好就是这个表格的对角线。它将乘法表一分为二，两侧的答案竟然是相同的。

你发现了吗？有几组乘法表彼此关联，一起学比较简单。

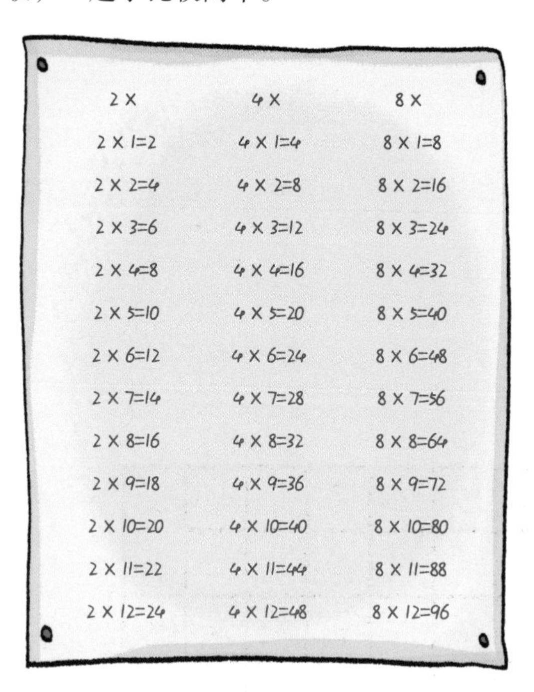

| 2 × | 4 × | 8 × |
| --- | --- | --- |
| 2 × 1=2 | 4 × 1=4 | 8 × 1=8 |
| 2 × 2=4 | 4 × 2=8 | 8 × 2=16 |
| 2 × 3=6 | 4 × 3=12 | 8 × 3=24 |
| 2 × 4=8 | 4 × 4=16 | 8 × 4=32 |
| 2 × 5=10 | 4 × 5=20 | 8 × 5=40 |
| 2 × 6=12 | 4 × 6=24 | 8 × 6=48 |
| 2 × 7=14 | 4 × 7=28 | 8 × 7=56 |
| 2 × 8=16 | 4 × 8=32 | 8 × 8=64 |
| 2 × 9=18 | 4 × 9=36 | 8 × 9=72 |
| 2 × 10=20 | 4 × 10=40 | 8 × 10=80 |
| 2 × 11=22 | 4 × 11=44 | 8 × 11=88 |
| 2 × 12=24 | 4 × 12=48 | 8 × 12=96 |

数字 2 的乘法运算就是依次加上 2。如果你两两计数，实际上就是在使用 2 的乘法表。

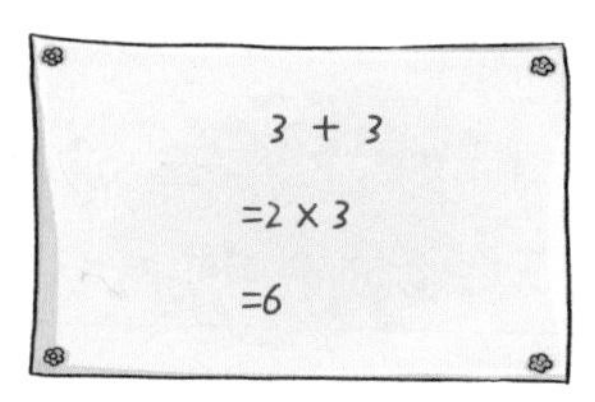


数字 4 的乘法表的乘积正好是 2 的乘法表的乘积的 2 倍。

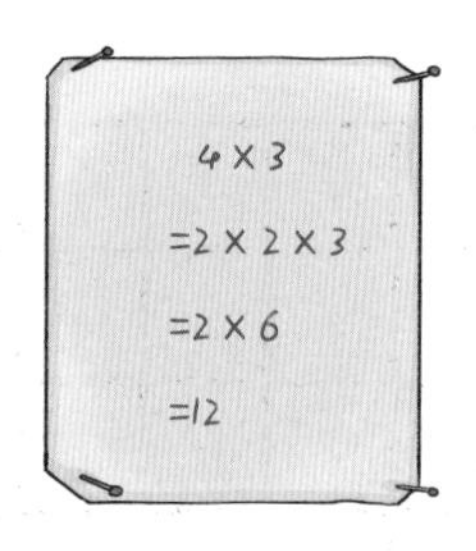


数字 8 的乘法表就是将 4 的乘法表的乘积加倍。

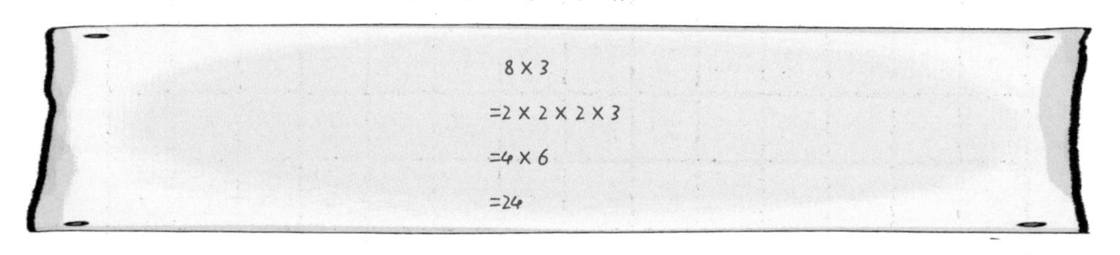

2、4、8 在乘法表中的乘积均为偶数。

数字 3 的乘法表就是以 3 来计数的。如果掌握了 6 之前的乘法表，这里有些问题的答案你已经知道了。

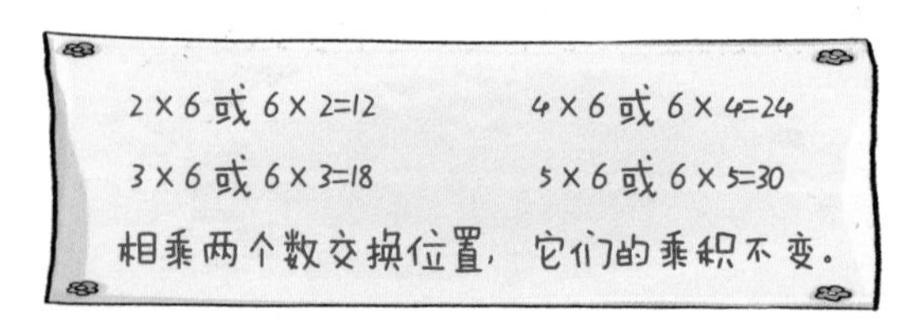


6 在乘法表中的乘积就是 3 在乘法表中的乘积的 2 倍。

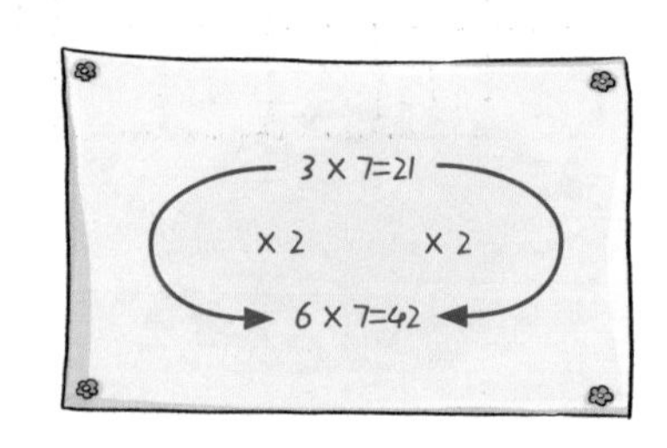

10 的乘法运算非常简单，只需要在另一个乘数后面加一个 0。

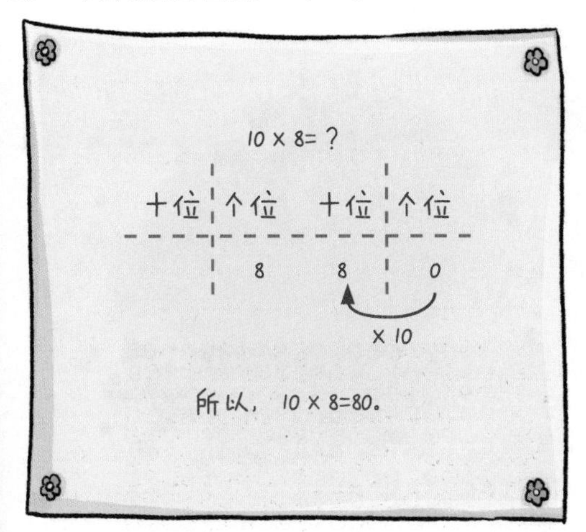


5 在乘法表中的各个算式乘积的末位都是 0 或 5。而且，5 的乘法表乘积是 10 的乘法表乘积的一半。

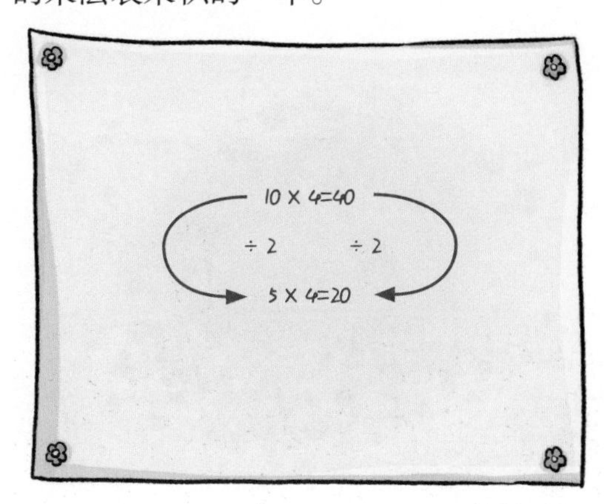


9 在乘法表中的乘积也很有规律，每个乘积各位的数字相加之和都是 9。当然，除了 9 × 11。

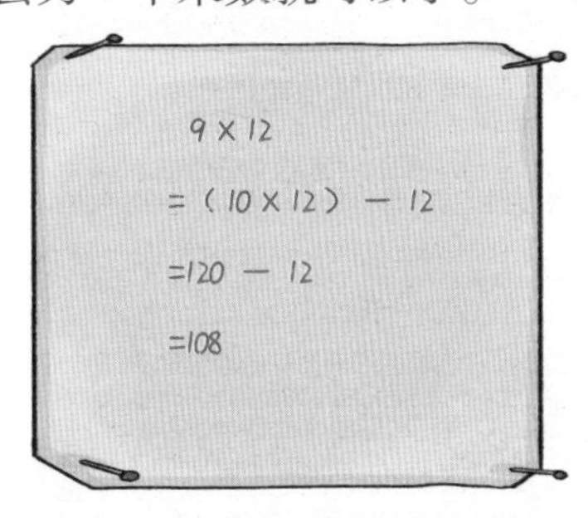


9 的乘法表只需要用 10 的乘法表的乘积减去另一个乘数就可以了。



11 在乘法表中的乘积最容易记住，因为 11 × 9 之前的乘积只是把 1 到 9 的每个数写了两遍。

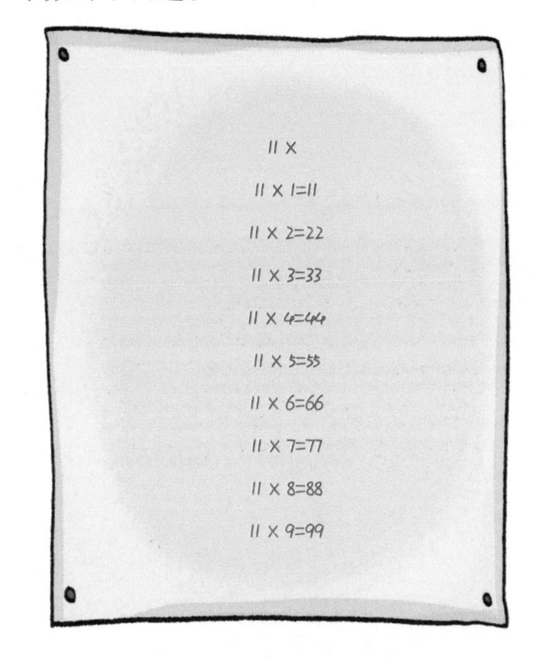


7 的乘法与 12 的乘法看上去可能有点难，但你只需要记住这几个算式就可以，其他算式在别的乘法表里都学过了。

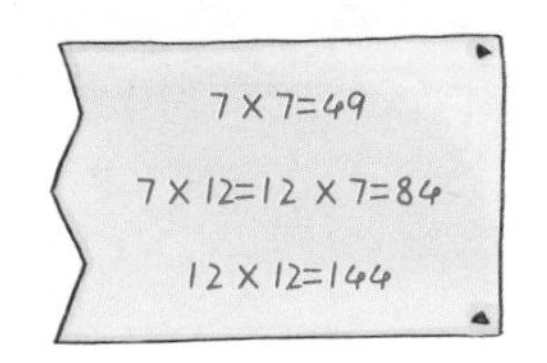

# 08 乘法竖式的技巧

博士和助理来到了农场，首先映入眼帘的是一群可爱的奶牛。1、2、3、4、5……，一共有 12 头奶牛。农场的大叔告诉他们，一头奶牛一天可产奶 23 千克。这些奶牛一天一共可以产奶多少千克呢？

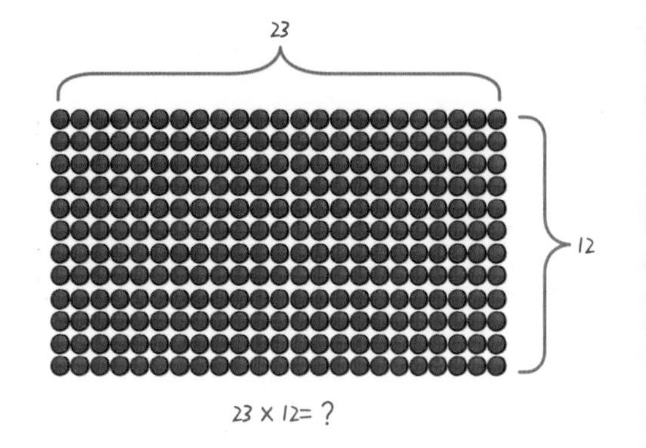


这是一道两位数乘两位数的计算题。我们可以先把这些棋子分成两组 6 个 23。23 × 6=138，138 × 2=276。

还可以把 12 变成 10 和 2，先算 10 个 23，再算 2 个 23，最后算总数。23 × 10=230，23 × 2=46，230 + 46=276。

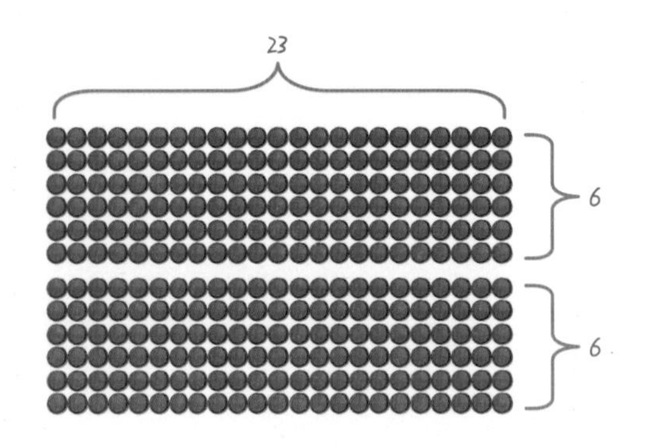


也可以把 23 拆成 20 和 3，12 拆成 10 和 2。12 个 23，就可以变成 20 个 10，3 个 10，2 个 3，2 个 20 的总数相加。

10 × 20=200，10 × 3=30，2 × 3=6，

2 × 20=40，200 + 30 + 6 + 40=276。

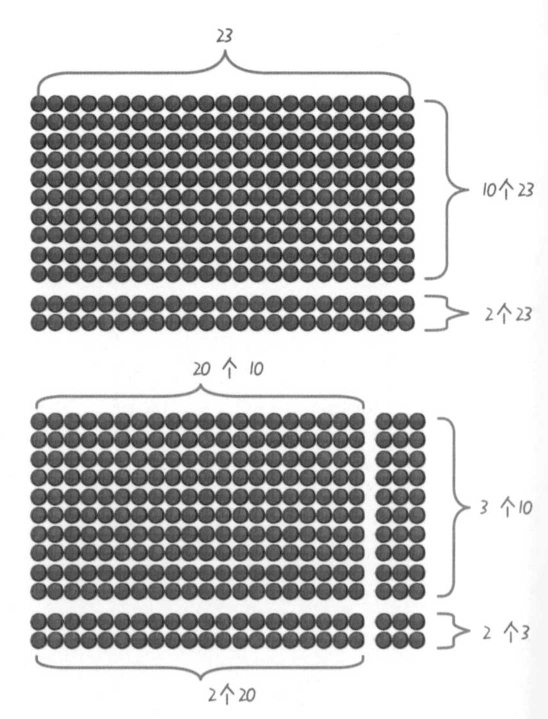

甚至可以列竖式计算 23×12，一起来看看吧！

1. 先用其中的一个两位数上个位的数乘另一个两位数（或三位数），得数的末位和两位数的个位对齐。

十位 | 个位
2 | 3
× 1 | 2
4 | 6

12 个位上的 2 乘 23

2. 用其中的一个两位数上十位的数乘另一个两位数，得数的末位和两位数的十位对齐。

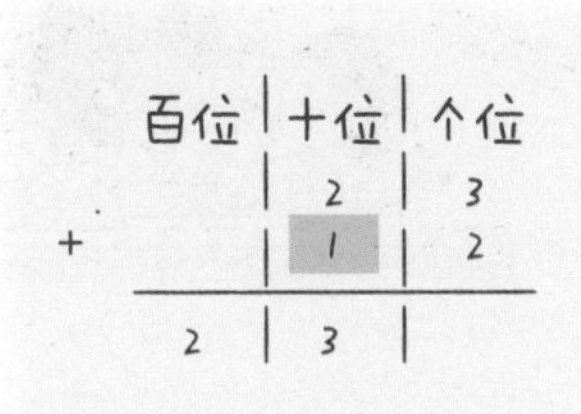


12 十位上的 1 乘 23

3. 把两次乘积按数位加起来，注意数位对齐。

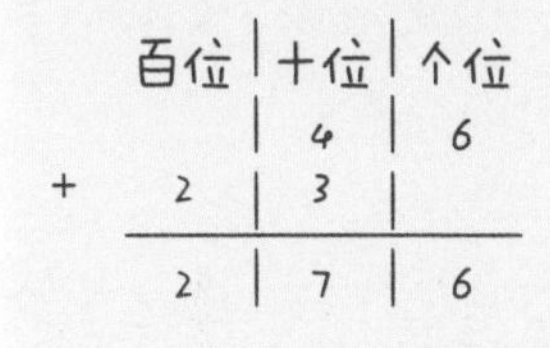


两次乘积相加

其实，我们完全可以运用两位数乘两位数列竖式计算的原理和方法来完成快速心算。

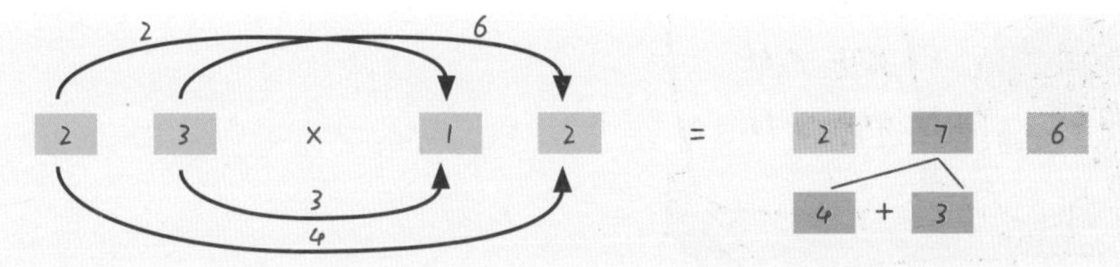


关于竖式的转化，我们再来练一练吧。农场里还有这样一群小鸡，数量是 68 只，每只小鸡每天都要吃 15 克的饲料。全部小鸡一天一共要吃掉多少克的饲料呢？

# 谁是班里的速算小神童

某小学邀请博士挑选出参加速算比赛的小学生。博士出了一份题给孩子们做，要求半小时内完成。

## 11和三位数以上数的乘法

我们先一起来看看不用进位的情况：

1. 将乘数最前面的数和最后面的数借来放置在左右，构成一个四位数.

$236 \times 11 = 2\bigcirc\bigcirc 6$

2. 乘数最前面的数与中间的数相加放在百位上. 中间与最后面的数相加放在十位上，得出答案.

$236 \times 11 = 2596$（2+3，3+6）

如果相加时需要进位呢？我们来看看：

1. 先借前后的9和8放置在左右，构成一个六位数.

$97868 \times 11 = 9\bigcirc\bigcirc\bigcirc\bigcirc 8$

2. 左边的9和7相加为16，将6放在第一个空白处，在“9”上写一个小“1”.

$97868 \times 11 = \overset{1}{9}6\bigcirc\bigcirc\bigcirc 8$

3. 按顺序将相邻的两数相加，遇到进位都在前面的数字上写一个小1.

$97868 \times 11 = \overset{1}{9}\overset{1}{6}\overset{1}{5}\overset{1}{4}48$

97868

97868

4. 把上面的小1与下面的数字加起来，就得到了答案.

$97868 \times 11 = 1076548$

## 99……和其他数相乘

关于 99……与其他数的乘法运算，利用减法运算可以很容易地算出来。

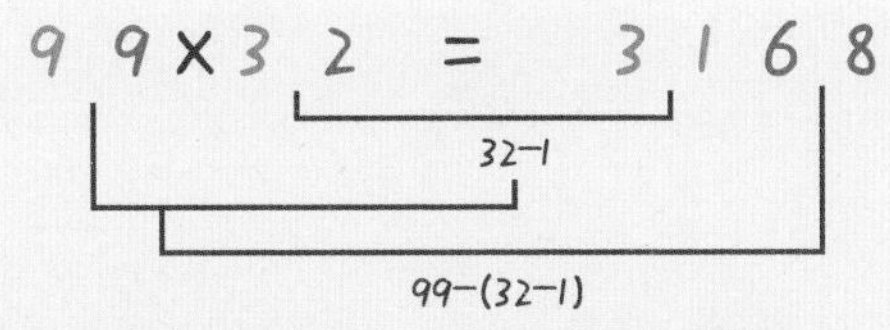


1. 将乘数 32 减掉 1 得到的 31 写在结果的前面。

2. 将 99 减掉 31（乘数 32 减掉 1）得到的 68 写在结果的后面。

数位变多了，怎么办呢？ 9999 × 5846= ？试着计算看看吧！

先将乘数 5846 减掉 1 得到 5845 写在前面。再将 9999 减掉 5845（乘数 5846 减掉 1）得到 4154 写在后面。

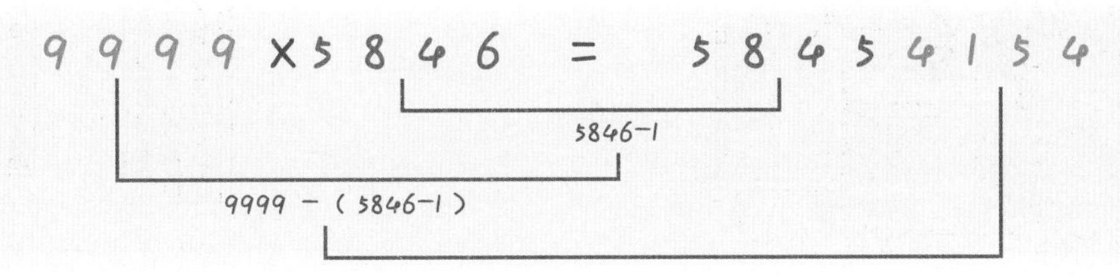


## 个位数互补、十位数相同的两位数乘法

这是关于两位数与两位数的乘法运算。仔细看，这些数字的特点是：十位上的数字相同，个位上的数字之和是 10。怎么算才能又快又准呢？

1. 个位数相乘得到的数是结果的后半部分。

75 × 75

5×5=25

2. 十位数和十位数加 1 的和相乘得到的数就是结果的前半部分。

75 × 75

7×（7+1）=56

3. 把数字组合在一起就可以了。

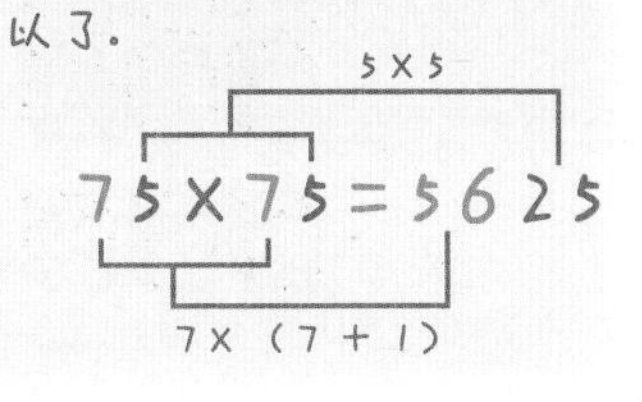


如果个位数字相乘后得 9，是不是就少了一位数呢？这时候 9 就放在结果的个位上，结果十位上的数就应该写上 0。

1×9

91×99=9009

9×（9+1）

# 乘法竟然这么有趣

有些乘法运算看起来有点难，却能运用一些小技巧让计算变得简单快捷。不信？跟着博士和他的助理去这家餐饮店看看吧！

## 乘法交换律

这是一家中西结合的餐饮店，今天店里正在搞一个关于饮料的促销活动。这个促销活动把饮料分成两种包装，你会选择哪个呢？

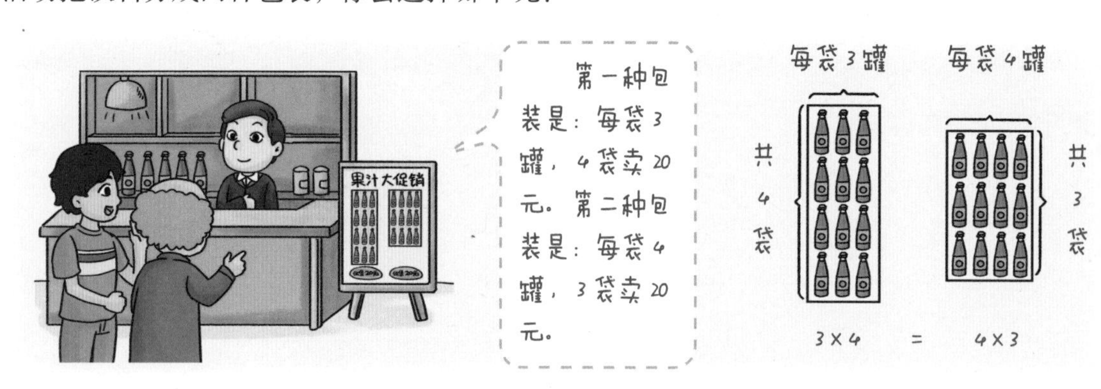


这便是有名的乘法交换律。乘法交换律是一种运算定律，两个数相乘，交换因数的位置，它们的积不变，叫作乘法交换律。我们用字母来表示：a×b=b×a

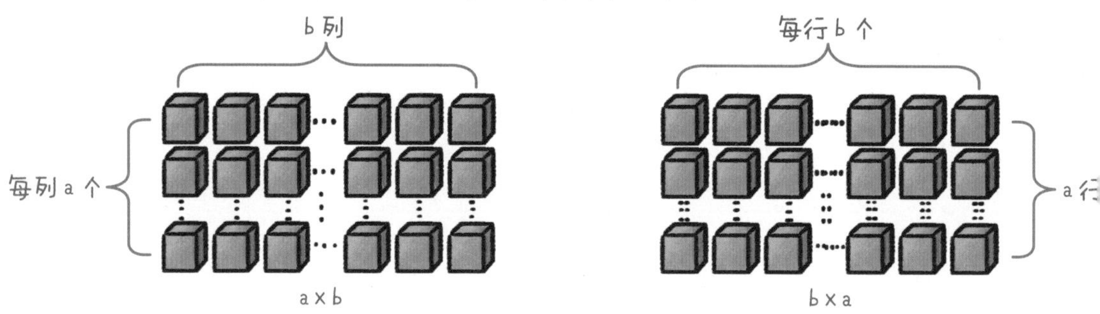


乘法交换律在计算上能给我们带来怎样的方便呢？助理要帮6个朋友每人购买30袋大豆，一袋大豆正好重50千克。他一共需要买多重的大豆。

50千克×30袋×6=50×6×30=300×30=9000（千克）

## 乘法结合律

从餐饮店出来的博士和助理，还得去礼品屋给朋友家的孩子选购礼物。他们非常默契地看中了店里的弹珠。

最终，博士拿了 7 盒弹珠，每盒里面装了 2 袋，每袋有 15 颗弹珠。博士买了多少颗弹珠？

助理是这么列算式的：

7×2 ×15，

先算袋子总数。

$7\times2\times15=7\times（2\times15）=210$。这便是乘法结合律，三个数相乘，先乘前两个数，或先乘后两个数，积不变。我们用字母表示：$a\times b\times c=a\times（b\times c）$

## 乘法分配律

这个礼品屋里还藏了一个厉害的家伙——密码箱。一旦按错了密码，箱子会放电。仔细看，你会发现解开密码的关键是运用乘法分配律。

这道题需要用到凑整法。凡是遇到 999 这样的数，我们可以化成 1000–1 这样的形式。

$1111111111\times9999999999$

$=1111111111\times（10000000000-1）$

$=1111111111\times10000000000-1111111111\times1$

$=11111111108888888889$

这便是乘法分配律的运用，两个数的和或差与一个数相乘，可以先把它们与这个数分别相乘，再相加或相减。

# 乘法还能变身除法

做除法运算时，可以用乘法想除法。将 12 条鱼平均分给 3 只海鸟，每只海鸟可以得到多少条鱼呢？

乘法算式是这样的：4×3=12（条）
除法算式应该这样：12÷3=4（条）

除法本身就和乘法密切相关。在数学家眼中，除法的定义就是从乘法角度出发的。已知两个因数的积与其中一个非零因数，求另一个因数的运算，就是除法。

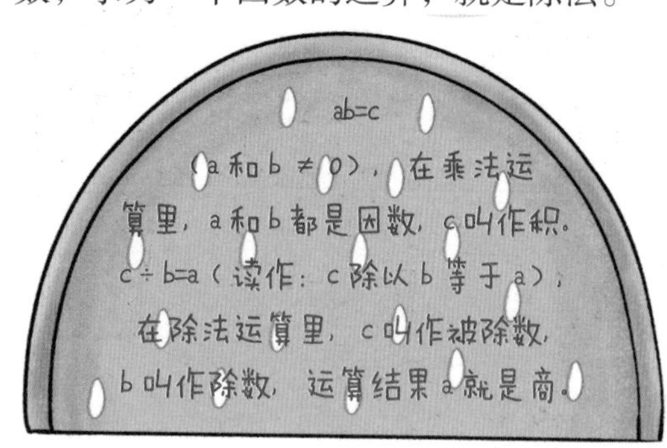


与乘法运算正好相反，除法是从一个数中连续减几个相同数的运算。所以，在做除法运算的时候，我们可以从被除数开始，数一数需要经过多少组才回到 0。

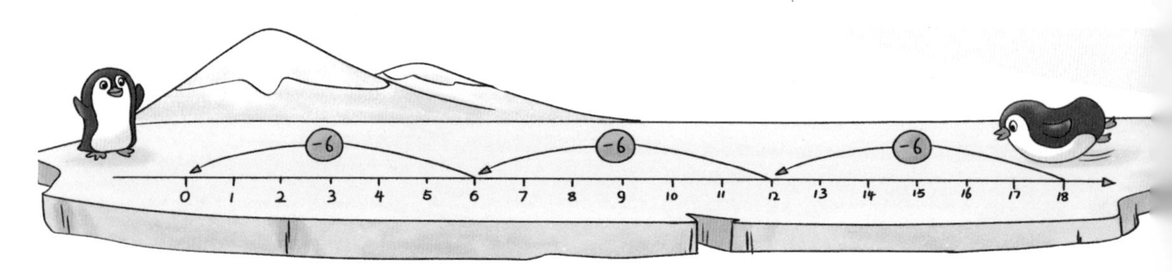


小企鹅不一会儿就滑了 18 米，现在它想滑回去了。小企鹅一次可以滑行 6 米，几次可以滑回起点？小企鹅从 18 开始，18÷6=3，需要 3 次才能滑到 0。

把一个数平均分成若干份，每一份都是相等的，这个也属于除法运算。博士想把 24 张贴画平均分给 3 位朋友，一人一张地将贴画轮流发给这三位朋友，每位朋友拿到了 8 张贴画。

除法也可以是计算一个数中有几组另外一个数。博士想把 24 张贴画给每位朋友发 3 张，8 位朋友可以拿到贴画。

加倍相当于乘以 2，对分相当于除以 2。对分意味着你要把一个数分成两个相等的数。研究院今天有 16 个研究员正在做图形研究。把他们对半分，一半的研究员在研究立体不规则的图形。16 ÷ 2=8，也就是 8 个人。

遇到正负数也一样，先确认得数的符号，“同号得正，异号得负”，再用被除数除以除数。

东北三省冬天的温度基本都是零下，这一天沈阳的温度是 –27℃至 –9℃。你知道最低温度是最高温度的几倍吗？（–27）÷（–9）=3。负负得正，数字相除，等于 3。

# 12 寻找能被整除的数

博士助理刚准备走进办公室，就看见门口贴了一张纸条，上面写着：到距市中心正东 p 米处与我会合。助理一看就知道这是博士的笔迹。可是 p 是多少？

疑惑之下，又看见桌子上摊放着 5 张硬纸片，上面分别写着 0、1、4、7、9 五个数字。旁边还有提示：从这 5 张卡片取出 4 张，可以排成许多四位数，找出能被 3 整除的数，再按照从小到大的顺序排列，第三个数就是 p。

首先，0 不能在四位数的首位。

其次，1 ＋ 0 ＋ 4 ＋ 9=14，不是 3 的倍数，所以 1、0、4、9 这四个数组合都不可能被 3 整除。

经过其他数与 9 的组合，发现都不是 3 的倍数。只有 1、0、4、7 四个数组合才可以被 3 整除。依次从小到大写出：1047、1074、1407……。p 就是 1407。

在计算中，经常需要判断一个数能不能被另一个数整除，我们可以根据数的特征来判断。

1. 根据个位数字判断：如果一个数的个位数字是0、2、4、6、8其中之一，这个数一定能被2整除。如果一个数的个位数字是0或5，这个数一定能被5整数。

| 1 | 2 | 3 | 4 | 5 | 6 | 7 | 8 | 9 | 10 |
|---|---|---|---|---|---|---|---|---|---|
| 11 | 12 | 13 | 14 | 15 | 16 | 17 | 18 | 19 | 20 |
| 21 | 22 | 23 | 24 | 25 | 26 | 27 | 28 | 29 | 30 |
| 31 | 32 | 33 | 34 | 35 | 36 | 37 | 38 | 39 | 40 |
| 41 | 42 | 43 | 44 | 45 | 46 | 47 | 48 | 49 | 50 |
| 51 | 52 | 53 | 54 | 55 | 56 | 57 | 58 | 59 | 60 |
| 61 | 62 | 63 | 64 | 65 | 66 | 67 | 68 | 69 | 70 |
| 71 | 72 | 73 | 74 | 75 | 76 | 77 | 78 | 79 | 80 |
| 81 | 82 | 83 | 84 | 85 | 86 | 87 | 88 | 89 | 90 |
| 91 | 92 | 93 | 94 | 95 | 96 | 97 | 98 | 99 | 100 |

2. 根据一个数的末尾几位数字判断：一个数末尾两位数字能被4或25整除，这个数就一定能被4或25整除。一个数末尾三位数能被8或125整除，这个数就一定能被8或125整除。

3. 既能被2整除又能被3整除的数，就一定能被6整除。

4. 一个数从个位起奇数位数字之和与偶数位数字之和的差是0或者是11的倍数，这个数一定能被11整除。

助理到达指定地点，并没有看到博士，只听见手机响了。手机传来一条信息：找我可没那么容易！你现在先向东走a米，再转向正北走b米。

a和b都是小于100的整数，但不是1。a > b，a和b还可以整除以下这些数字：111、222、333、444、555、666、777、888。

**【分析】**这些数都是111的倍数，a和b都能整除111即可。1+1+1=3，111能被3整除，所以111=3×37，

**【结论】**a=37，b=3。

# 找到周期，算出余数

这一天，助理和博士谈论在电视上看到的一部动画片。故事大概内容就是：一只小兔子遭到老鼠、狐狸、蜘蛛、蛇四个坏蛋的围攻，攻击时还不断变换位置。

这四个坏蛋动物的位置看似变化无穷，其实是有规律的。为了方便研究，我们把每一个位置编上一个号，看一看它们是怎么变化的呢？

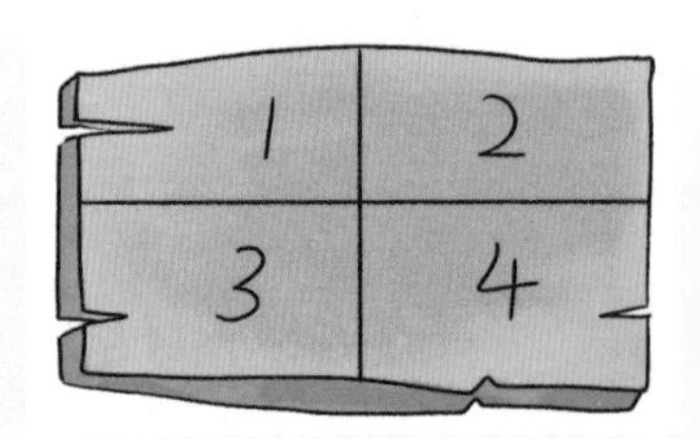

以蜘蛛为例，刚开始站在3号位置，后来的变化规律是 3 → 1 → 2 → 4 → 3，也就是说它是按照顺时针方向转动，每变化四次又回到原来的位置。

为了躲避蜘蛛，我们要确定蜘蛛的位置：变一次时在1号，变两次时在2号，变三次时在4号，变四次时在3号……那变第十次时在哪个位置呢？

10 ÷ 4=2……2，余数是2，蜘蛛就在2号位置。

那么，什么是余数呢？博士有11朵花，想给办公室的研究员分一分，如果每人分5朵，可以分给几个人，还剩多少朵花呢？

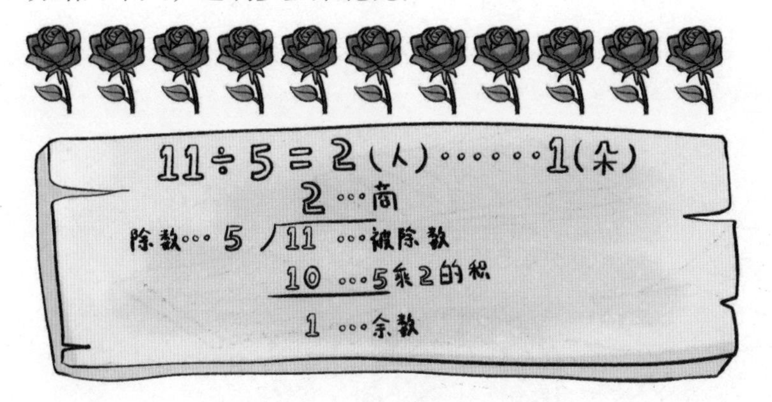


余数，就是按要求分完后剩下的花朵数。尤其要注意：余数一定要比除数小哦！

利用周期变化规律，算出余数并灵活运用这个余数，可以解决生活中许多实际问题。假设某年元旦是星期一，请问次年的元旦是星期几呢？根据已知的条件求星期、日期等问题，通常会采用余数来解答。

【我们这么做】

1. 确定平闰年 : 假设这一年是 2022 年，属于平年。

2. 确定全年天数 :2022 年的元旦至 2022 年的最后一天，共有 365 天。

3. 按周期规律计算余数 :365 ÷ 7=52······1。

4. 根据余数得出结论 : 往后推 1 天便是元旦，也就是说，2022 年元旦是星期六，那么 2023 年元旦是星期日。

利用图形规律继续画图，同样也适合用余数来解答。按照规律，你认为下图第 22 个图形应该画什么呢？

【我们这么做】

1. 找出规律：3 个一组。

2. 计算得出余数：22 ÷ 3=7······1

3. 根据余数得出结论：余数是几，就是第几个图形；没有余数，就是规律组最后的那个图形。第 22 个图应该画太阳。

# 14 除法也能快速心算

数学高难度训练又开始了，这次考查的是除法。

三位数除以一位数，我们有时候也会采用拆分法来速算。博士经常去北京开会，乘坐高铁的路程为 888 千米，运行时间大约是 6 小时。你能算出这列高铁的运行速度是多少吗？

888 ÷ 6 = ?

↓

888=600 + 240 + 48

888 ÷ 6 可以转化一下：

600 ÷ 6=100

240 ÷ 6=40

48 ÷ 6=8

888 ÷ 6 的结果就是：100 + 40 + 8=148.

如果是连续除法，乘除法互逆的性质就派上用处了，我们可以试试把除法转化为乘法，心算得出答案也不是不可能的。

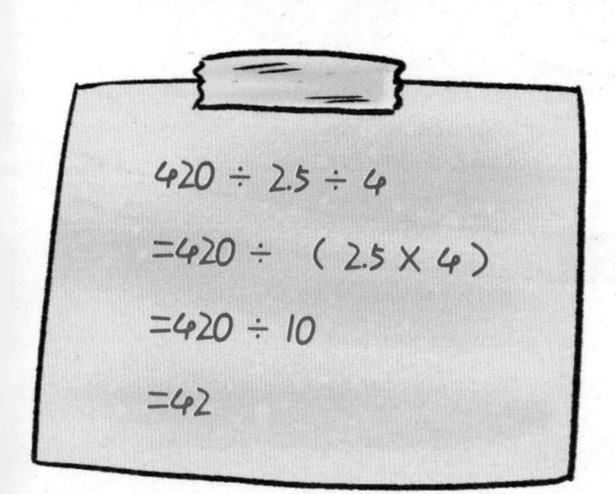


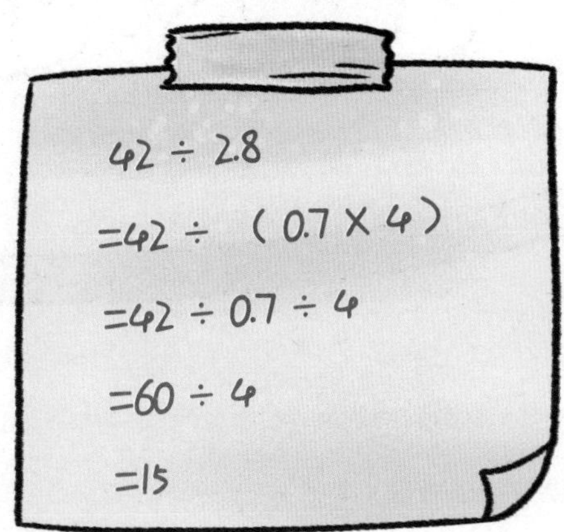


三位数除以 5 呢，我们采取凑整法的思路解题。先乘 2，再除以 10。

735 ÷ 5

=735 × 2 ÷ 10

=1470 ÷ 10

=147

805 ÷ 5

=805 × 2 ÷ 10

=1610 ÷ 10

=161

三位数除以 8、除以 6、除以 4 都是一样的方法。除以 6 相当于除以 2 再除以 3。

除以 4 相当于除以 2 再除以 2。

416 ÷ 4

=416 ÷ 2 ÷ 2

=208 ÷ 2

=104

三位数除以 2，我们也可以这样算。其实就是乘法分配律的除法形式。

720 ÷ 2=360

700 20

350 + 10

720 ÷ 2=360

600 120

300 + 60

**如果你还有其他更好的除法简便运算或速算方法，快点告诉我吧！**

# 除法与分数有点儿分不清

博士研究员四个人正在分三块糕点，可是怎么分才能公平呢？

四个人分一块蛋糕，公平起见，就得把蛋糕平分成四小块，也就是每个人$\frac{1}{4}$块。其他两块蛋糕也得这样分。每个人分的就是3个$\frac{1}{4}$块蛋糕，也就是$\frac{3}{4}$块蛋糕。

$3 \div 4 = \frac{3}{4}$

平分4块　平分4块　平分4块

3个$\frac{1}{4}$块

换一种方式理解。我们把三块蛋糕看成一个整体，数学术语“单位1”。4个人平分这个单位“1”，所以要把这个整体平均分成4份，再把每一份分给每一个人。每个人得到的就是“单位1”块的$\frac{1}{4}$。

单位1　平分4块

我们还可以这样理解：先把每一块蛋糕都平均分成 4 份。再把第一块蛋糕的 4 份平均分给每一个人，然后依次把第二块蛋糕和第三块蛋糕平均分出去。每个人分得的蛋糕就是 $\frac{3}{4}$ 块。

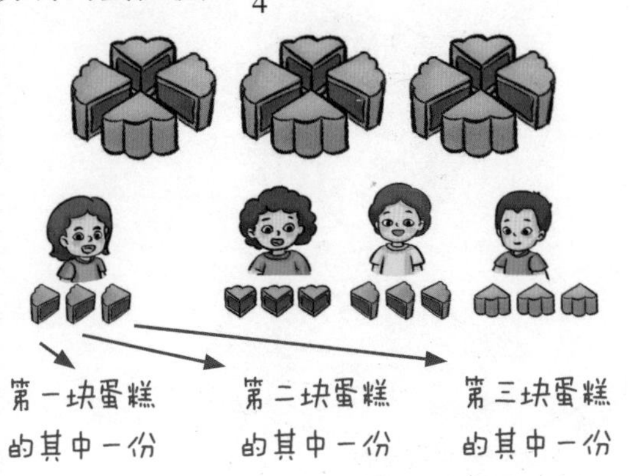


除法是如何转化成分数的呢？我们一起去看看它们的各部分名称吧！

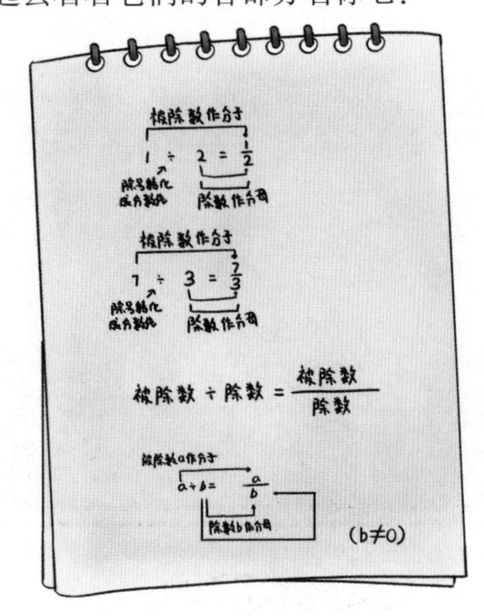

分数与除法的联系与区别

| | 联系 | | | | 区别 |
|---|---|---|---|---|---|
| $\frac{3}{4}$ | 分子 | 分母（不为0） | 分数线 | 分数值 | 数 |
| 3 ÷ 4 | 被除数 | 除数（不为0） | 除号 | 商 | 运算 |

同一个分数大小就一定相等吗？假如博士今天走了 1 米远。我们把 1 米看成整体单位“1”，上午只走了$\frac{2}{3}$。把 1 米平均分成三份，只走了其中的两份，也就是$\frac{2}{3}$米。

假如博士想明天多走 1 米，就是走 2 米。所以我们得把 2 米看成单位 1。如果明天上午也想让他走和今天上午一样距离的路程，就只能走这条路的$\frac{1}{3}$。

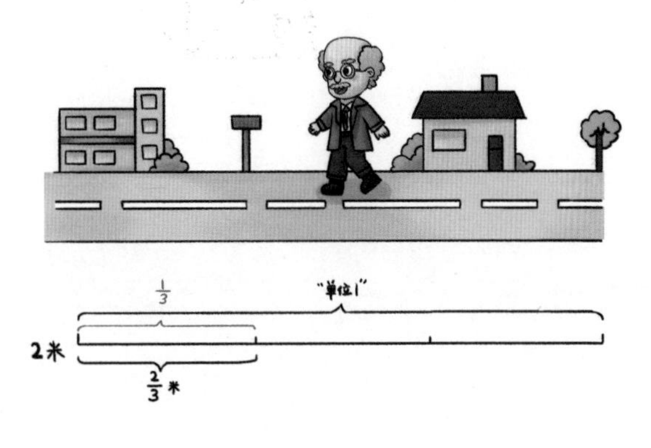

# 寻找分数之国的运算秘密

博士助理给博士带来了两块形状和大小一样的蛋糕，把第一个蛋糕的$\frac{4}{8}$给了博士，把第二个蛋糕的$\frac{3}{8}$留给了自己。

博士和助理一共分走了多少蛋糕？

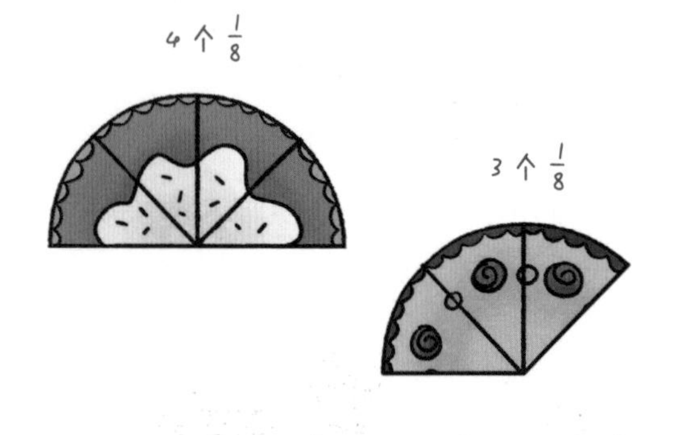


同分母的分数相加，不能把分母相加，只能把分子相加，分母不变。

4个$\frac{1}{8}$加3个$\frac{1}{8}$变成7个$\frac{1}{8}$。

$$\frac{4}{8}+\frac{3}{8}=\frac{7}{8}$$

博士分到的蛋糕比助理得到的蛋糕大多少？

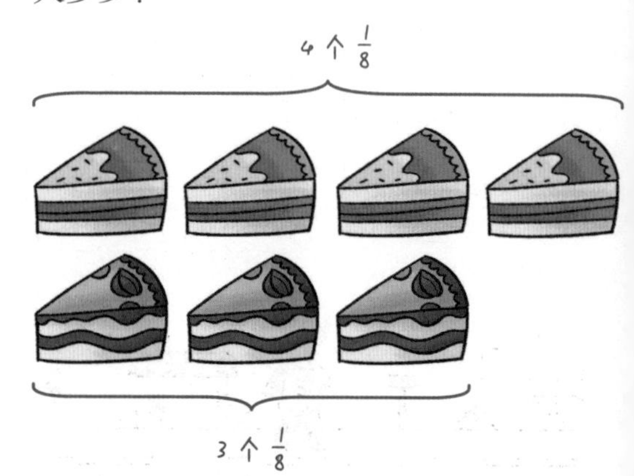


同分母的分数相减，也只要把分子相减，分母不变。

4个$\frac{1}{8}$减3个$\frac{1}{8}$变成1个$\frac{1}{8}$。

$$\frac{4}{8}-\frac{3}{8}=\frac{1}{8}$$

吃完蛋糕，博士又想喝杯橙汁。于是，助理在大小相同的两个杯子里分别倒入 $\frac{3}{5}$ 和 $\frac{1}{3}$ 的橙汁。两杯橙汁相差多少呢？

异分母分数相加减，首先需要通分，把异分母换成同分母，再用同分母加减原理，即分子加减，分母不变。

$$\frac{3}{5}-\frac{1}{3}=\frac{3\times3}{5\times3}-\frac{1\times5}{3\times5}=\frac{9}{15}-\frac{5}{15}=\frac{4}{15}$$

分母、分子同时乘以不等于 0 的数，把几个异分母分数化成与原来分数相等，与其他分数分母相同的分数，叫作通分。

两个分数相乘，可不能像加减法那样，而应该将分子和分子相乘，分母和分母相乘哦！

$$\frac{1}{3}\times\frac{1}{4}=\frac{1\times1}{3\times4}=\frac{1}{12}$$

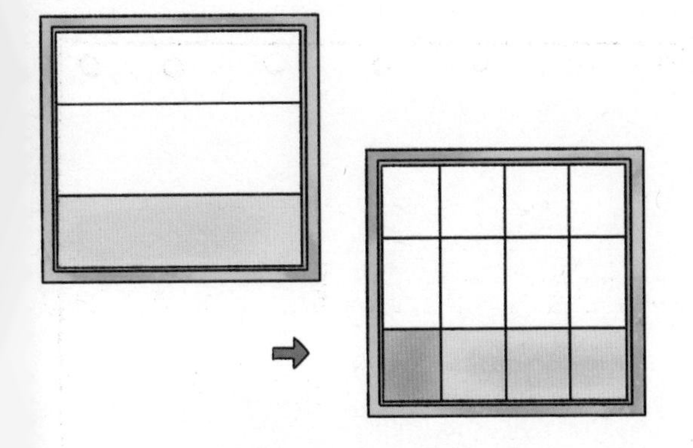

黄色部分就是整体的 $\frac{1}{3}$。

$\frac{1}{3}\times\frac{1}{4}$ 是把黄色部分 4 等分后得到的其中 1 个部分，也就是蓝色部分，相当于把整体 12 等分后的其中 1 个部分。

同学们，如果你们有零用钱会怎么花呢？博士助理会用零用钱的五分之二买食物，八分之三买用品，剩下的钱存起来。他买食物的花费是存款的几倍？

1. 花掉的零用钱是多少？

$$\frac{2}{5}+\frac{3}{8}=\frac{16}{40}+\frac{15}{40}=\frac{31}{40}$$

2. 存款是多少？

$$1-\frac{31}{40}=\frac{9}{40}$$

3. 买食物的花费是存款的几倍？

$$\frac{2}{5}\div\frac{9}{40}=\frac{2}{5}\times\frac{40}{9}=\frac{16}{9}=1\frac{7}{9}$$

分数除法，可以转换为乘法运算，把除数的分子和分母倒过来再与被除数正常相乘就可以了。

# 用算式表述小数点的移动

西游记是一部经典的影视作品，孩子们都非常喜欢神通广大的孙悟空。孙悟空本领很强，他的如意金箍棒有变长缩短的能力。仔细看，孙悟空金箍棒的长度从 0.009 米 → 0.09 米 → 0.9 米 → 9 米……一点点变大，直接就把妖怪给打晕了，根本不需要孙悟空再用其他本领。

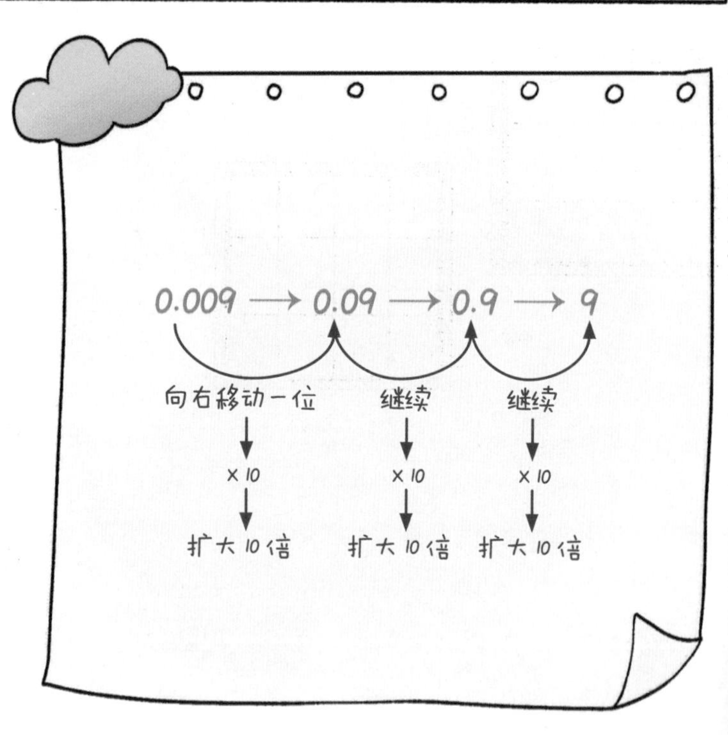

今天要带着 8 个孩子去科技馆参加活动，博士和助理一早赶去便利店购物，买了 10 个面包、10 本笔记本和 10 瓶饮料。博士需要付款多少呢？

2.63 × 10 = ?

0.45 × 10 = ?

3.89 × 10 = ?

小数与 10、100、1000……的乘除法，其实就是这个小数的小数点位置在向右或向左移动。

0.01 平方米就是把 1 平方米的一小块地儿，平均分成 100 份，只取了其中的一份。把 0.01 平方米扩大到它的 10 倍，就相当于取了其中的 10 份，也就变成了 0.1 平方米。把 0.01 平方米扩大到它的 100 倍，就相当于取了其中的 100 份，也就变成了 1 平方米。

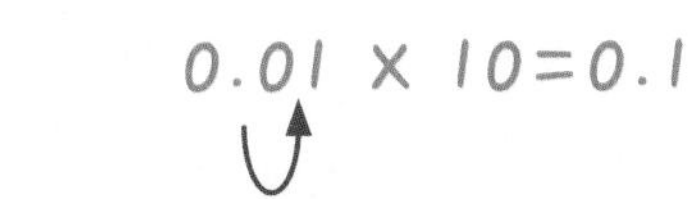


一个数扩大 10 倍，小数点向右移动一位。

0.01 × 100=1

一个数扩大 100 倍，小数点向右移动两位。

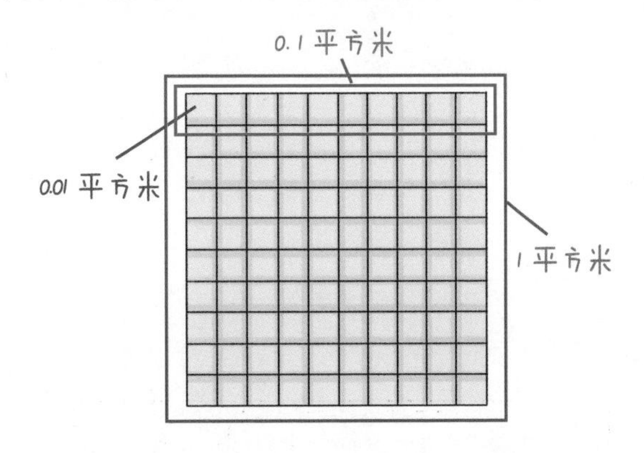


我们还可以这么说：小数点向右移动一位，原数扩大 10 倍；小数点向右移动两位，原数扩大 100 倍……小数点向左移动一位，原数就缩小到原数的 $\frac{1}{10}$；小数点向左移动两位，原数就缩小到原数的 $\frac{1}{100}$……

小数点向右移动时，如果遇到小数部分的位数不够的情况，就在末尾添 0 补足，缺几位就补几个 0。

小数点向左移动，遇到整数部分的位数不够时，就在原来整数部分的前面添 0 补足，缺几位就补几个 0，然后再点上小数点，并在小数点的前边再添一个 0，以表示整数部分是 0。

# 小数变整数再细算

三组家庭正在举办激烈的吃蛋糕比赛，它们吃的蛋糕分为三种：整块蛋糕、长条形蛋糕、小块蛋糕。

计分规定：吃掉1整块蛋糕得1分。1整块蛋糕平分成10条长条形蛋糕，吃掉1条长条形蛋糕可获得0.1分。1条长方形蛋糕平分成10块小块蛋糕，吃掉1块小块蛋糕可获得0.01分。

第一组成绩揭晓：老奶奶一点儿也没吃，0分。阿姨吃了2条长条形蛋糕、4块小块蛋糕，一共0.24分。大叔吃了3条长条形蛋糕、2块小块蛋糕，一共0.32分。全家最终得分为0.56分。

第二组成绩揭晓：崔妈妈吃了2块整块蛋糕、5条长条形蛋糕、2块小块蛋糕，得2.52分。崔爸爸吃了2条长条形蛋糕、4块小块蛋糕，一共0.24分。崔同学吃了3块小块蛋糕，得0.03分。崔家最终得分2.79分。

第三组成绩揭晓：一共吃了9条长条形蛋糕、8块小块蛋糕，得分0.98分。

在计算小数加法和减法时，小数点一定都要对齐哦！

通过计算，最终确认崔家取得了比赛的胜利。

姐姐的身高为 1.3 米，妹妹的身高是姐姐的 0.8 倍，你知道妹妹有多高吗？

这是一道关于小数乘法的问题。小数乘法运算和加减法运算很不一样。小数相乘时，需要末尾对齐，计算过程中小数点可以视而不见。算出得数后，再把小数点加上。

$1.3 \times 0.8 = 1.04$

| | | | |
|---|---|---|---|
| 13 | 除以 10 → | 1.3 | 1. 末尾对齐 |
| × | | × | |
| 8 | 除以 10 → | 0.8 | 2. 按照整数乘法计算 |
| ‖ | | ‖ | |
| 104 | 除以 100 → | 1.04 | 3. 点上小数点 |

一辆轿车 5 小时行驶了 421.6 千米，平均每小时行驶多少千米呢？

这是一道关于小数除法的问题，计算小数除法时，先把除数变成整数，然后按照整数除法的方式来计算，商的小数点位置要与被除数的小数点位置对齐。

1. 除数是整数，不用变。

如果除数是小数，需要变成整数，但别忘了被除数也得同时扩大相同的倍数。

2. 商的小数点要与被除数小数点对齐。

3. 除到小数部分有余数，可添 0 继续除。

4. 按照整数除法计算。

```
      84.32
5 ) 421.6
    40
    ----
     21
     20
     ----
      16
      15
      ----
       10
       10
       ----
        0
```

# 19 循环小数变分数啦

这一天夜间，博士助理做了个数学怪梦，梦里的他正和一堆小数打闹不停。

起初，他嫌小数点碍事，和 0.999999……争吵不完，气急败坏地拿出手机里的小数转换器，把循环小数 0.999999……变成了分数 $\frac{9}{9}$，也就是 1。

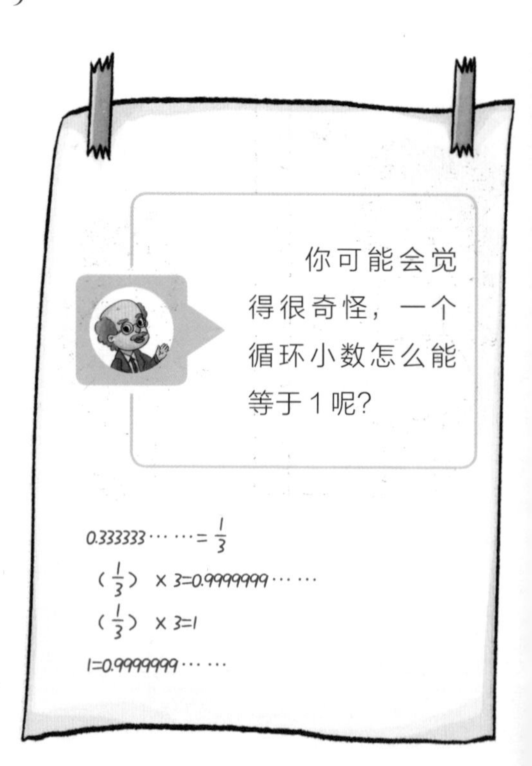


0.999999……是一个纯循环小数，循环节有几个不同的数字，分母就是几个 9，分子就是一个循环节上的数。0.aaa……= $\frac{a}{9}$

博士助理还没开心一会儿，另一个循环小数 0.787878…… 拖着无限长的尾巴跑过来了。助理手忙脚乱地又掏出一个神器——等号变换器。只听“吱”的一声，0.787878…… 被吸了进去，掉出来的却是一个分数 78/99。

如果不是纯循环小数，而是一个混循环小数呢？瞧！0.7321321321……拖着无限长的尾巴跑了过来，可惜，没跑多远，等号变换器就把它吸了进去，另一端竟然掉出来一个奇怪复杂的分数 $\frac{7321-7}{9990}$。

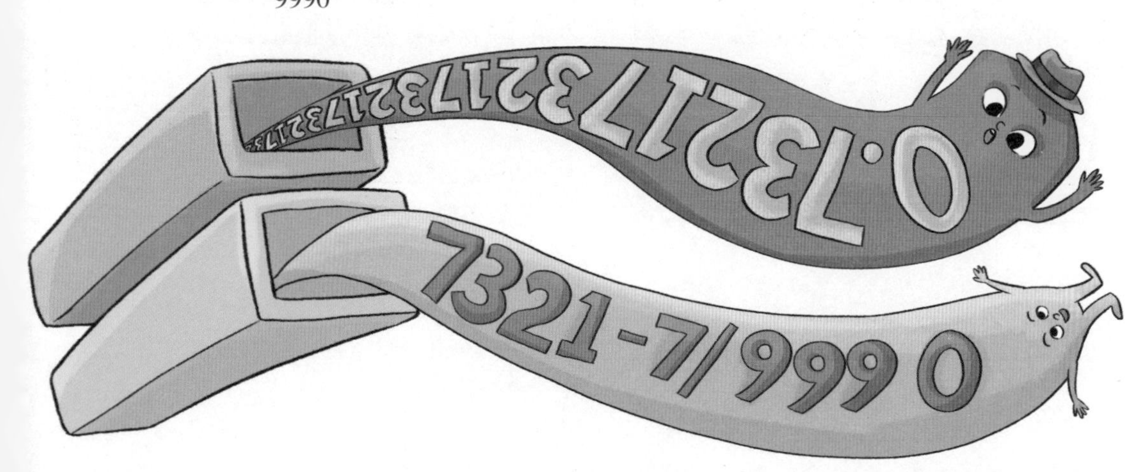


0.7321321321……是一个混循环小数，需要先扩大一定的倍数把混循环小数变成纯循环小数，再把纯循环小数化成分数，最后缩小相同的倍数即可。0.abcdbcd……= $\frac{abcd-a}{9990}$。

所以，其他混循环小数呢？ 0.abbb……= $\frac{ab-a}{90}$，0.abcbcbc……= $\frac{abc-a}{990}$。

# 20 谁才是真正的推理大师

算式谜，是一种比较常见的猜谜游戏，通常就是给出一个算式，算式里含有一些汉字、字母或者空格等来表示特定数字，我们需要根据一定法则和逻辑推理方法，找出突破口，找到要填的数字。

首先，我们看看加减法则。我们要准确分析算式的特点，想好先填什么，再填什么，找准突破口。

我是四位数加法算式.

1. 从个位开始，□＋ 5 不可能等于 1，也肯定小于 21。□＋ 5=11，□ =6。

2. 从十位上看，□＋ 1 ＋ 1=9，□ =7。

3. 从百位上看，6 ＋□末位是 0，所以 6 ＋□ =10，□ =4。

4. 从千位上看，□＋ 2 ＋ 1=8，□ =5。

我是四位数减法算式.

1. 从个位开始，9 ＋ 9=18，被减数的个位就是 8。

2. 从十位上看，9 －□ =4，所以减数十位就是 5。

3. 百位上看，9 － 0= □，商的百位就是 9。

4. 看千位，□－ 6=1，千位还要被百位借走 1，被减数千位上就是 8。

我们再来看看乘除法运算里的填数游戏。我们要根据乘除法的运算规则和方法来推理和枚举试算。做到以下步骤：审题、从末位或最高位找突破口、试填数字、检验答案。

我是两位数乘法算式.

第一个因数和第二个因数的个位相乘，积是两位数，而且个位上的数字是5，也就是7□ × □ = □5，所以第二个因数的个位上只能填1，第一个因数是75。

同样的方法，第二个因数的十位上的数字也只能是1。

```
    7 5
×   1 1
-------
    7 5
  7 5
-------
  8 2 5
```

填写除法算式的关键是确定除数与被除数分别是多少。

我是四位数除以三位数的除法算式.

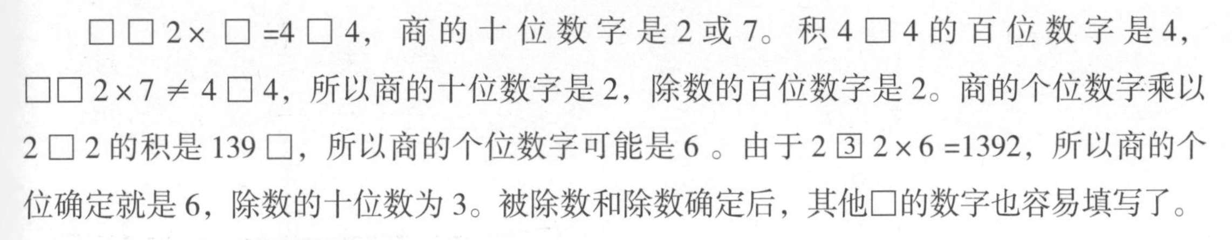

□□2× □ =4□4，商的十位数字是2或7。积4□4的百位数字是4，□□2×7 ≠ 4□4，所以商的十位数字是2，除数的百位数字是2。商的个位数字乘以2□2的积是139□，所以商的个位数字可能是6。由于2 [3] 2×6 =1392，所以商的个位确定就是6，除数的十位数为3。被除数和除数确定后，其他□的数字也容易填写了。

【正确答案】

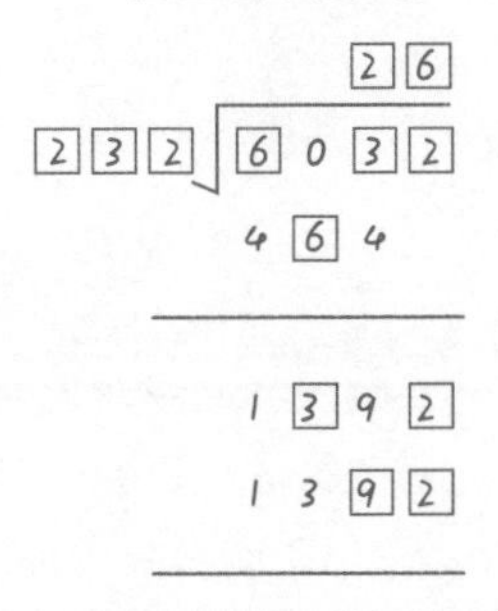

从商的个位数字考虑，缩小范围，试数字，再掌握多位数除法的计算法则，是解答除法算式谜的关键所在。

# 21 有趣的短除法

博士助手连续四天买香蕉，但却忘记这四天分别买了多少根香蕉。他能算出来吗？

这四天买的香蕉数量的乘积等于3024。

这四天买的香蕉数量正好是四个连续的自然数。

遇到这类问题，你是不是会有点迷茫，不知道如何切入。事实上，用分解质因数的办法便可以解决。

1. 用短除法将乘积分解成若干个质数相乘的形式。

$3024=2\times2\times2\times2\times3\times3\times3\times7$

2. 把这些质数相乘的形式改成四个连续自然数相乘的形式。

$3024=(2\times3)\times7\times(2\times2\times2)\times(3\times3)=6\times7\times8\times9$

今天，博士助手又买了香蕉回家，但走到门口时被楼下的门禁挡住了。门禁旁边写了一行字：亲爱的业主，请你把 1 到 9 这几个数字填进下面 9 个圆圈中，要求第一个因数比第二个因数大。然后在门禁上从左到右依次按动相应的数字，门便会自动打开。

○○○ × ○○ = ○○ × ○○ =5568

好多业主都毫无头绪，只能碰运气地试试！其实，数学题一般都需要用一定的思维方法来解答。这道题就需要用短除法来对 5568 进行分解质因数。

2 | 5568
2 | 2784
2 | 1392
2 | 696
2 | 348
3 | 174
2 | 58
29

接下来，把它写成乘积的形式。$5568=29\times(3\times2^6)=29\times192$（这里面有两个 9，重复了，错了！）

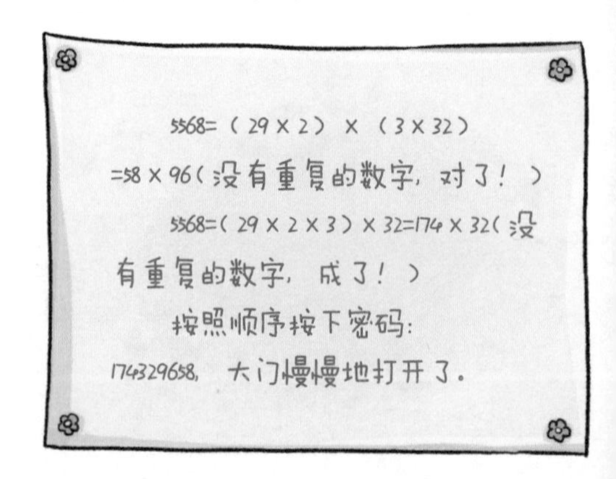

用分解质因数的方法，把 30 分解一下吧！

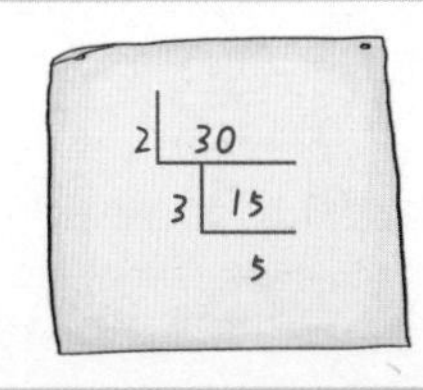


最后将每一个除数和最后的商都写成乘积的形式：$30=2\times3\times5$。

短除法还可以用来计算最大公因数和最小公倍数。

博士组织一帮孩子排成了一个长边是 24 人，宽边是 18 人的长方形阵，突然又想把这个长方形的方阵分成若干个每边人数相等的正方形方阵，恰好没有剩余的人。至少可以分成几个方阵呢？

这是一道除法题，唯有找到一个能同时被 24 和 18 除尽的数才能破解，也就是要算出这两个数的最大公因数。几个数公有的因数，叫作这几个数的公因数，公因数的个数是有限的，其中最大的一个叫作这几个数的最大公因数。

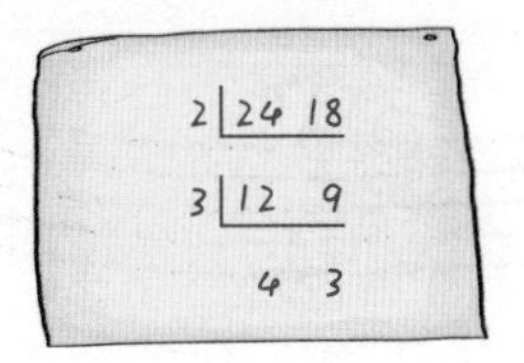


我们要排的正方形方阵的边长是 6 人。我们把孩子们组成的方阵都看成一块一块的积木，长边可以变成 $24\div6=4$ 块积木，短边 $18\div6=3$ 块，至少可以分成 $4\times3=12$ 个方阵。

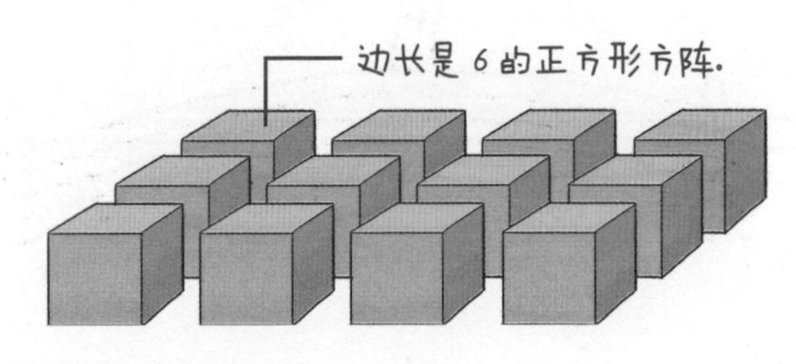

# 试着列算式吧

大约在公元前 2000 年，古巴比伦算术得到高度发展，已经演化成一种用文字叙述的代数学。那个时候的代数学，如果用现在的语言翻译一下，大概就是这个意思：1 只兔子 1 张嘴，2 只耳朵，4 条腿；2 只兔子 2 张嘴，4 只耳朵，8 条腿；3 只兔子 3 张嘴，6 只耳朵，12 条腿。

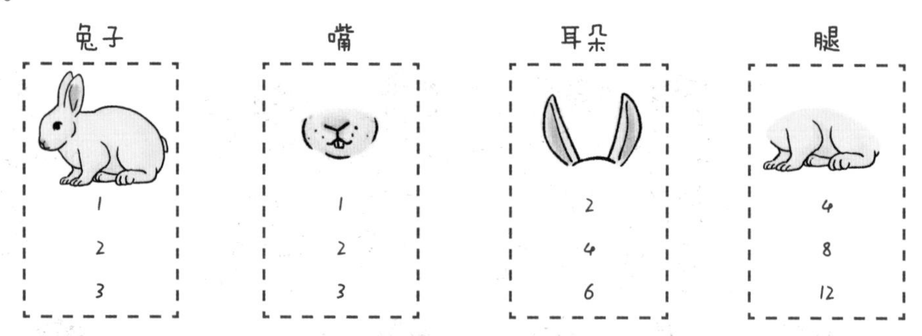


大约到了 16 世纪，文字叙述的代数法已经不能满足人们的需要了。在刚才的兔子理论中，无论偶遇几只兔子，兔子嘴的数量直接等于兔子的数量，耳朵的数量等于兔子数量的 2 倍，腿的数量等于兔子数量的 4 倍。

这么说太麻烦了，我们可以用一些数学代号来代替反复提到的文字。兔子的数量可以用 a 表示，a 只兔子有 a 张嘴，2×a 只耳朵，4×a 条腿。

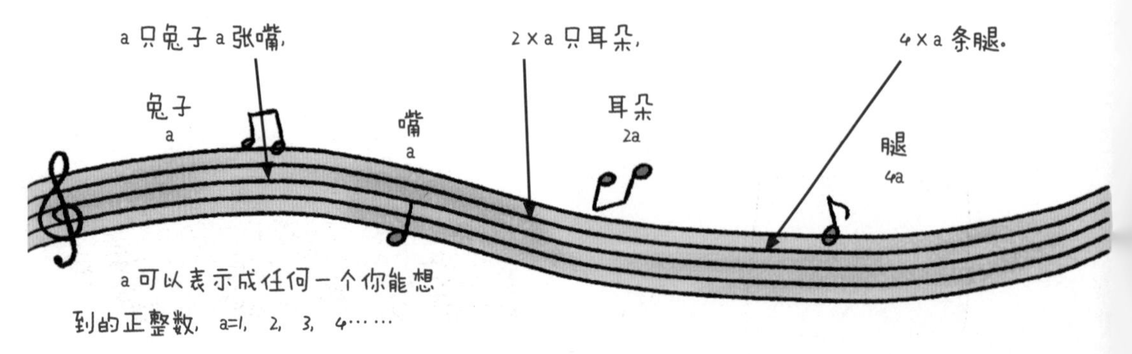

由于字母的引入，一句话就可以把复杂的兔子歌谣讲清楚了。这种含有字母的式子，其实就是数学家喜欢的代数式。数学家们还约定了一些代数式书写规则。

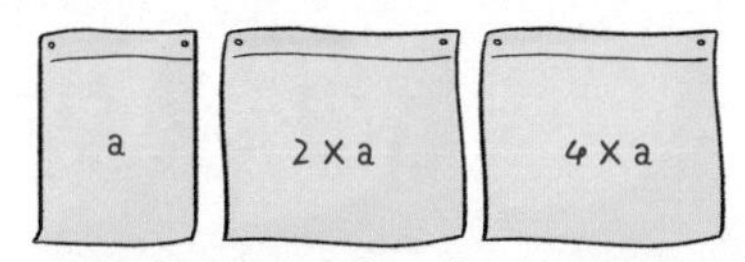


和纯粹的数式差不多，代数式只是多了字母。

约定一：2×a、4×a 太复杂，而且遇见字母 X 时，又容易把 X 和 × 混淆，所以在含有字母的式子中出现乘号的时候，可以将乘号用一个点表示，或者干脆忽略不写。

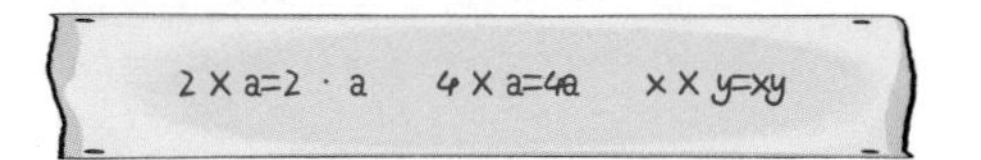


但是如果是纯数字相乘，2×3，乘号不能写成点，容易被误解为小数点；也不能直接忽略不写，容易变成其他数字。

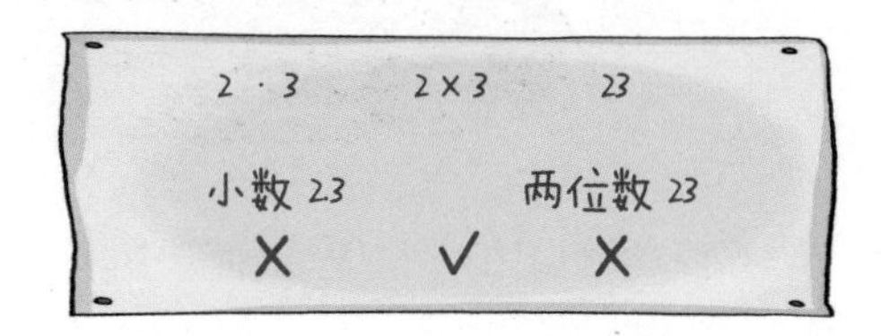


约定二：0.2×a、$1\frac{1}{5}$a 是关于小数和带分数的代数式，小数最好写成分数，带分数要写成假分数。

【错误示范】

$0.2\times a \rightarrow 0.2a \rightarrow 0\times 2a \rightarrow 0$

$1\frac{1}{2}\times a \rightarrow 1\frac{1}{2}a \rightarrow 1\times\frac{1}{2}a \rightarrow \frac{1}{2}a$

【正确示范】

$0.2\times a=\frac{1}{5}a$

$1\frac{1}{5}\times a=\frac{6}{5}a$

不按照约定写，就会看错，得出错误的结果。

约定三：如果出现除法的代数式，结果应该按照分数形式来写。

博士从家去研究院，两地相距 x 千米，他开车行驶，速度为 y 千米 / 时，博士到研究院需要多长时间呢？

博士住的这座城市去年空气质量良好的天数与全年的天数（365 天）之比达到 60%，也就是 365×60%=219 天里空气质量还算良好。

(x+219)÷365 ＞ 70%。这个算式一点也不奇怪，除了 =，＞和＜也会被用在算式里，甚至还有≠，再加上字母，就是一个典型的不等式。

# 23 神秘先生 x 是万能钥匙

博士忘记带文件，让助手送过来。两人相距 3000 米，为了节约时间，博士和助手约好了两人同时出发，在某个地方相遇后交接文件。博士在大脑中开始计算他和助手需要多长时间相遇，汽车每分钟能行驶 800 米，自行车每分钟能行驶 200 米，他们两个大概 3 分钟就会相遇，不会耽误事。

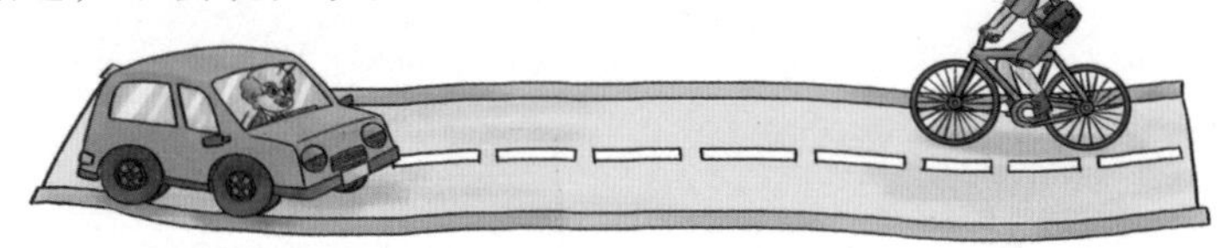

原来，博士用的是方程，很快就把问题解决了。方程就是带有未知数的等式。

用 x 表示樱桃的质量。
10 克 = 樱桃的质量 + 2 克
$10=x+2$

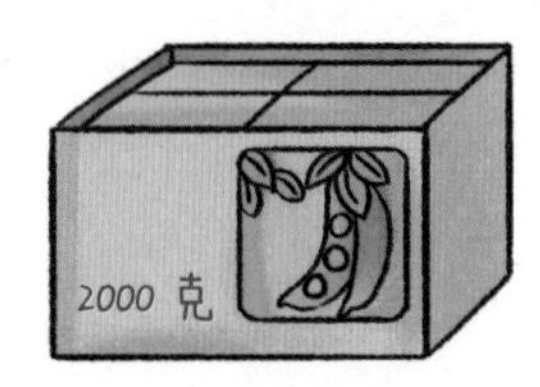


用 y 表示每盒种子的质量。
每盒种子的质量 ×4=2000 克
$4y=2000$

用 z 表示每个热水瓶的盛水量。
2000 毫升 = 每个热水瓶盛水量 ×2 + 200 毫升
$2000=2z+200$

$10=x+2$、$4y=2000$、$2000=2z+200$，它们都是含有未知数的等式，只是未知数是用不同的字母表示的。方程是特殊的等式，所有的方程都是等式，但等式不一定是方程。

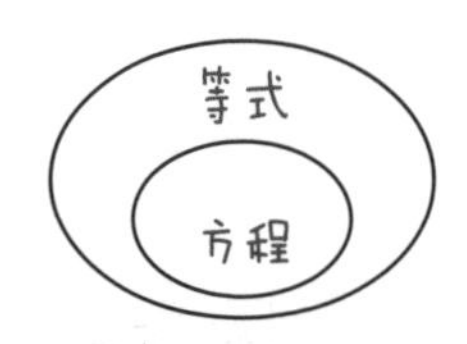


$6x+1=6$ 是方程

$15-3=12$ 不是方程

$4x+7=9$ 是方程

那么，问题来了。如何用方程解决问题呢？

第一步，突破问题的关键是确定等量关系，可以用画图的方式来理解等量关系。

第二步，设未知数为 x。当然，你也可以设置别的字母当未知数。

第三步，把未知数 x 当作已知数使用，根据等量关系列出方程。

第四步，算出方程里 x 的数值。

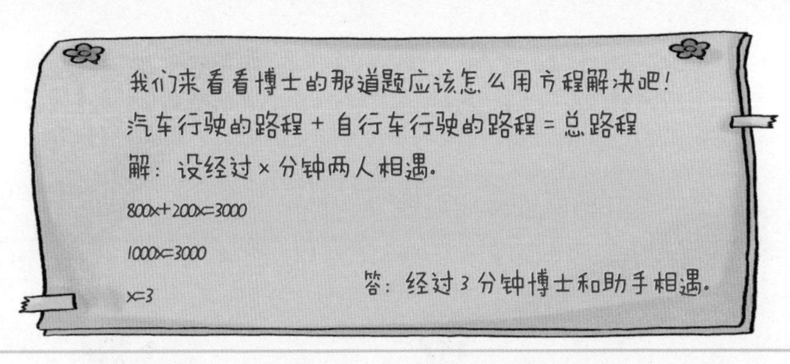

方程的解是一个满足方程左右两边相等的未知数的值，解方程就是求这个值的过程。如何解呢？方程两边同时加上或减去一个数，左右两边仍然相等；方程两边同时乘以或除以一个不为 0 的数，左右两边仍然相等。

当然，这些只是一个未知数的方程。生活中，我们也会遇到更复杂的问题，可能存在两个甚至两个以上的未知数。

你不知道自己的口袋里放了几颗棋子，但只有红色和绿色两种棋子。如果取出 5 颗红棋子，剩余的棋子中有 $\frac{1}{3}$ 是红棋子。如果放进 2 颗绿棋子，口袋里就有 $\frac{1}{2}$ 的红棋子。你现在知道自己口袋里一共有多少颗棋子吗？

解：设红棋子有 x 颗，绿棋子有 y 颗。

取出 5 颗红棋子，红棋子变成了 x-5；剩余的棋子数是（x-5+y），红棋子占 $\frac{1}{3}$，也就是 $\frac{1}{3}$（x-5+y），由此确定第一个等量关系，列出方程：

$x-5=\frac{1}{3}(x-5+y)$

$3(x-5)=x-5+y$

$3x-15=x-5+y$

$3x-x-15+15=x-5+y-x+15$

$2x=y+10$ ……①

放进 2 颗绿棋子，绿棋子变成了 y+2；剩余的棋子数是（x+y+2），红棋子占 $\frac{1}{2}$，也就是 $\frac{1}{2}$（x+y+2），由此确定第二个等量关系，列出方程：

$x=\frac{1}{2}(x+y+2)$

$2x=x+y+2$

$2x-x=x-x+y+2$

$x=y+2$ ……②

这样的方程怎么求出两个未知数的值呢？我们用①－②试试吧！

$2x-x=y+10-(y+2)$

$x=8$

根据②，我们可以算出：$y=8-2=6$，$x+y=8+6=14$（颗），所以口袋里原来有 14 颗棋子。

有两个未知数的方程，一般会由两个二元一次方程组成。算出这两个未知数的值，我们一般会用加减法或代入法来消元。消掉一个未知数，变成一个一元一次方程后便可得解。

# 24 幂数的趣味加减乘除

博士发明了一台神奇的面包机，一个桶时，丢进去1个面包，可以变出2个面包。增加到2个桶时，放进去1个面包，可以变出4个面包。增加到3个桶时，丢进去1个面包，可以变出8个面包。

现在博士已经增加到8个桶，丢进去1个面包，你知道这台机器能变出多少个面包吗？

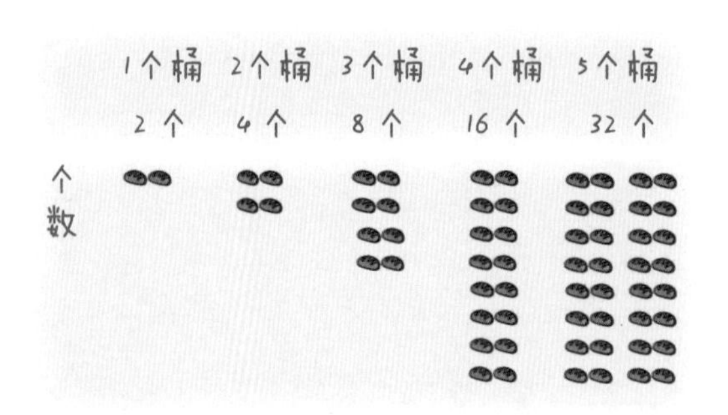


乘法算式

| 1×2 | 2×2 | 2×2×2 | 2×2×2×2 | 2×2×2×2×2 |
| --- | --- | --- | --- | --- |
| 表示 1个2相乘 | 2个2相乘 | 3个2相乘 | 4个2相乘 | 5个2相乘 |

这台面包机变面包的规律被我们找到了，8个桶产生的面包数应该是8个2相乘，用算式这样表示：2×2×2×2×2×2×2×2。8个2相乘与8个2相加是有区别的，我们用图来帮助大家区分一下：

8个2相加　表示 2+2+2+2+2+2+2+2

8个2相乘　表示 2×2×2×2×2×2×2×2

数学真的是一位伟大的魔法师，几个相同数字相加可以改写成乘法算式，几个相同数字相乘呢？这样的运算其实叫作乘方运算，它的结果叫作幂。

$2^{64}$

如果把博士昨天做出来的 $2^{10}$ 个面包和今天做出来的 $2^{14}$ 个面包相乘，怎么做？本来是 10 个 2 相乘，再乘上 14 个 2 相乘，一共就是 24 个 2 相乘。

同底数幂相乘：$a^m \cdot a^n=a^{m+n}$

$a^m \cdot a^n=(aa\cdots a)\cdot(aa\cdots a)$（乘方的意义）

$=(aa\cdots a)$（乘法结合律）

$=a^{m+n}$（乘方的意义）

$2^{10}\times2^{14}=2^{24}$，用字母表示：$a^m \cdot a^n=a^{m+n}$

如果想把博士今天做出来的 $2^{14}$ 除以昨天做出来的 $2^{10}$ 个面包，怎么做呢？ 14 个 2 相乘除掉 10 个 2 相乘，还剩 4 个 2 相乘。

$2^{14}\div2^{10}=2^4$，用字母表示：$a^m\div a^n=a^{m-n}$

博士又开始考验助理了，但还真没难住助理呢！他做得非常快，博士还夸他了，你能看明白吗？

$25^m \cdot 2 \cdot 10^n=5^7 \cdot 2^4$

$25^m \cdot 2 \cdot 10^n=(5\times5)^m \cdot 2(2\times5)^n$

$=5^m \cdot 5^m \cdot 2 \cdot 2^n \cdot 5^n$

$=5^{m+m} \cdot 2^{1+n} \cdot 5^n$

$=5^{2m+n} \cdot 2^{1+n}$

$5^{2m+n}=5^7$　$2m+n=7$　①

$2^{1+n}=2^4$　$1+n=4$　②

② $n=3$

① $2m+3=7$

$m=2$

博士正在纸上画一些乱七八糟的曲线，有些开口朝上，有些开口朝下，有些曲线都在横轴上面，还有一些曲线在横轴的下面。你是不是有点困惑：这都是些什么曲线呢？画在数轴上的那一条条曲线，被数学家称为幂函数，和幂运算有很大关系！

# 25 纠缠不断的字母和数

博士早起吃了 2 碗鸡丝粥，鸡丝粥的单价竟然是 a 元，两碗的价格表示方法很简单：2a 元。

助理早起吃了 1 碗皮蛋瘦肉粥，皮蛋瘦肉粥的单价是 15 元。

两个人的早餐一共消费：2a+15 元

鸡丝粥的价格每天不固定是这家早餐店的特色，所以一般定价 a 元，你吃完才知道它的单价具体是多少。无论是 a，还是 2a，甚至是 15，只要是数字和字母的积组成的代数式，哪怕只是一个数字或一个字母，统统都叫作单项式。神奇的是，把单项式相加就变成了多项式。

连接单项式的符号是加号时，它们都是多项式。

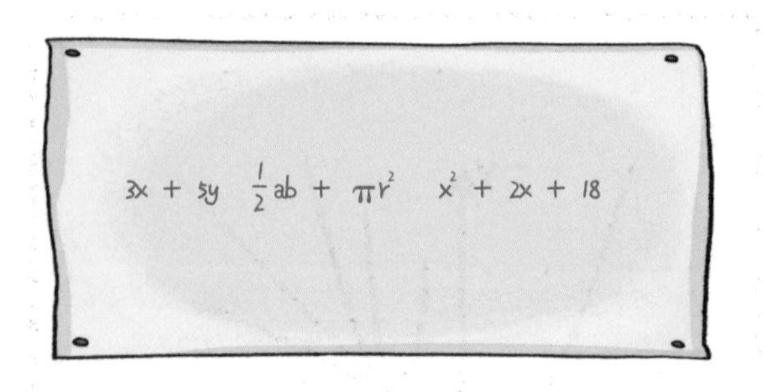


连接单项式的符号是减号时，减号可以看成负号，同样可以用加号连接，它们也都是多项式哦！

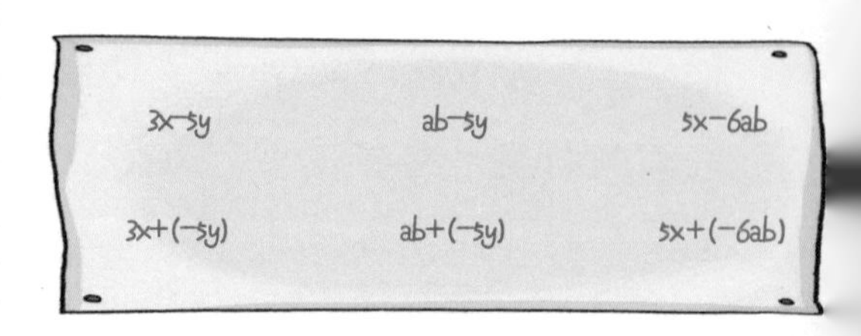


## 多项式，好分解

多项式的结构相对复杂，包含项、次数和系数。我们一起去认识认识吧！

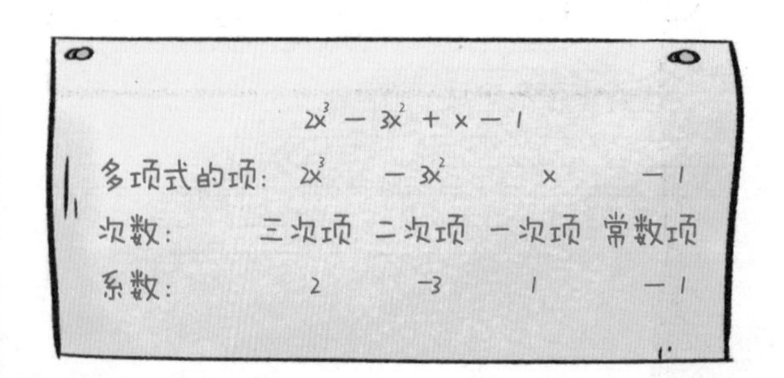


仔细看这个多项式的 x 上的次数，你会发现这有点类似三座山峰，还有一块平地。

我们书写这样的多项式，就好像在走下坡路，从最高次数开始，逐渐递减，最后走到最低次数，甚至常数。

## 多项式，巧计算

单项式或多项式与多项式是可以进行加减乘除运算的，只是比较容易出错。一个同学在计算多项式乘 $-3x^2$ 时，把运算符号抄错了，变成了加 $-3x^2$，得到的结果是 $x^2-4x+1$。请你帮这位同学重新算一算，得出正确答案吧！

**【我们这么做】**

1. 用错误结果减去已知多项式，得出原式。

$(x^2-4x+1)-(-3x^2)$

$=(x^2-4x+1)+3x^2$

$=4x^2-4x+1$

2. 用正确的算式去计算正确的结果。

$(4x^2-4x+1)\cdot(-3x^2)$

$=4x^2\cdot(-3x^2)-4x\cdot(-3x^2)+1\cdot(-3x^2)$

（乘法分配律）

$=-12x^4+12x^3-3x^2$ （幂运算法则）

（有理数运算法则）

这是一条防洪堤坝，堤坝的横截面是一个梯形。博士的脑海里马上呈现了这个梯形的上底、下底和高。上底 a 米，下底 a+2b 米，高 $\frac{1}{2}$ a 米。

$S=\frac{1}{2}[a+(a+2b)]\times\frac{1}{2}a=\frac{1}{4}a(2a+2b)=\frac{1}{2}a^2+\frac{1}{2}ab$

# 你会种树吗

植树节到了！博士带着一群孩子们来到河边种树。

孩子们如火如荼地挖坑、种树、填土……

博士趁此机会，给孩子们讲起了小学应用题中最具代表性的问题之一——植树。

植树问题是这样的：按照相等的总长植树，在总长、棵距、棵数三个量之间，已知其中两个量，求第三个量。

在道路上的树一般都是沿直线排布的，在植树时大概有这样三种情况需要注意：

道路两端都种树，一共种了 5 棵树，每棵树的间距均为 2 米。你会发现，虽然种了 5 棵树，但树与树之间的间隔却只有 4 段，所以总长不是 10 米，而是 8 米。

求棵数：4+1=5（棵）或 8÷2+1=5（棵）；求总长：2×（5−1）=8（米）；求棵距：8÷（5−1）=2（米）。

这是沿直线植树的第一种情况，两端都植树，棵数比段数多 1。

棵数 = 段数 +1= 距离 ÷ 棵距 +1

总长 = 棵距 ×（棵数 −1）

棵距 = 总长 ÷（棵数 −1）

如果一端不种树呢？树有 4 棵，树两侧的路段数正好也是 4 段，每棵树之间的间距为 3 米，那么这条路的总长为 12 米。

求棵数：12÷3=4（棵） 求总长：3×4=12（米） 求棵距：12÷4=3（米）

这是沿直线植树的第二种情况，一端植树，棵数与段数相等。

棵数 = 总长 ÷ 棵距

总长 = 棵距 × 棵数

棵距 = 总长 ÷ 棵数

如果两端都不植树，棵数又会比段数少 1 棵。请你试着画一画吧！

栽了 3 棵树，有 4 段

栽了 4 棵树，有 5 段

这是沿直线植树的第三种情况，两端都不植树。
棵数 = 段数 −1 = 总长 ÷ 棵距 −1
总长 = 棵距 ×（棵数 +1）
棵距 = 总长 ÷（棵数 +1）

大街上除了沿直线植树，还有一些类似平面图形的植树形式，常见的有圆形、三角形、正方形、长方形等。和直线不同的是，这些图形都属于封闭图形。

圆形植树棵数 = 总长 ÷ 棵距

三角形植树棵数 = 总长 ÷ 棵距

矩形植树棵数 = 总长 ÷ 棵距

与植树问题类似的数学思维题还真不少。

爬楼梯的层数问题，几层楼梯和几楼是不一样的，楼数要比楼梯层数多 1。

锯木头的段数问题，锯成木头的段数比锯木头的次数也多 1。

排队时，排队的人数比每两个人之间的间隔数也多 1。

# 27 列车“飞”起来

两个运动物体同向运动，可以在不同地点同时出发，也可以在同一地点不同时出发，还可以在不同地点不同时出发。如果后面的物体前进的速度稍快，前面的物体前进速度较慢，那么在一定时间里，后者肯定能追上前者，这就是数学里的追及与相遇问题。

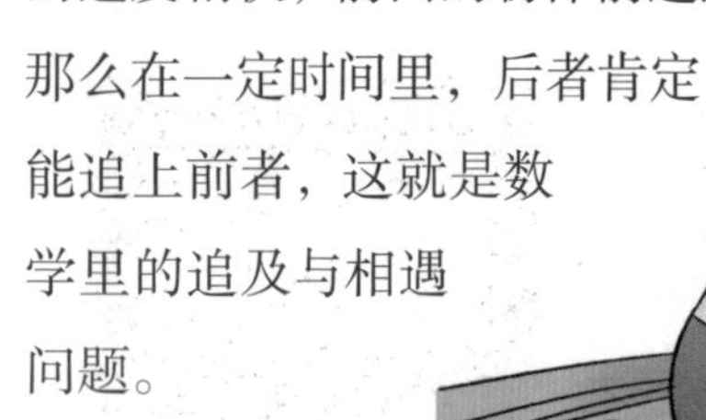

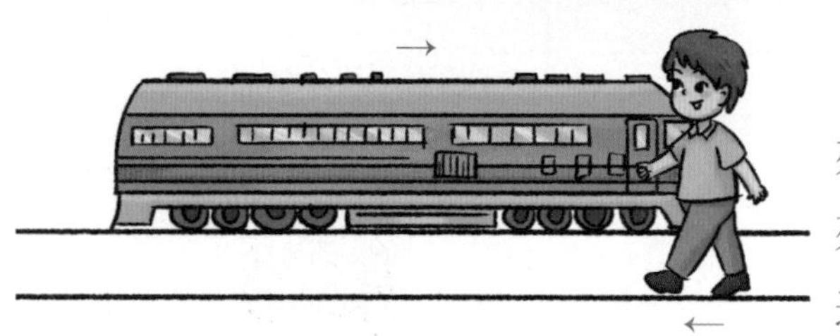

站台上有一名等待列车的男孩，一辆列车迎面驶来，进站时的速度为 10 米 / 秒，列车全长 180 米，请问列车从这名男孩身边经过的时间要多久？

人不可能静止不动，假设人以 1 米 / 秒的速度前进。人走的路程 + 火车走的路程 = 火车长度。

假设列车从这名男孩子身边经过的时间为 x 秒，人走的路程就是 x 米，火车走的路程为 10x，所以：x+10x=180。

如果列车不是从人面前驶来，而是从人的背后驶来的呢？

仔细看，你会发现：火车走的路－人走的路程＝火车的长度

如果不是人，而是另一辆红色的列车呢？

在一段双轨铁道上，两辆列车迎头驶过，红色列车A的车速是20米/秒，蓝色列车B的车速为25米/秒。若列车A全长为200米，列车B全长为160米，两辆列车交错的时间是多少呢？

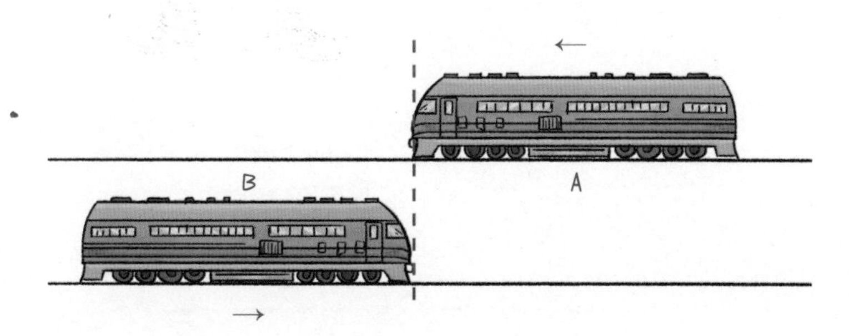


从中看出，两辆车走的路程正好等于两辆车的长度。

假设两辆车列车交错的时间为x秒，那么，两辆列车走的路程为（20+25）x，两辆列车的长度是200+160。所以，45x=360，x=8。

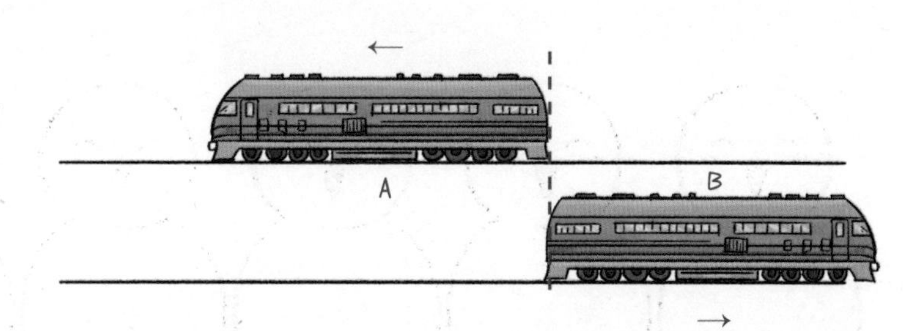


【小知识】

这是与列车行驶有关的一些问题，解答时要注意列车车身的长度。

火车追及时间＝（A车长＋B车长＋距离）÷（A车速－B车速）

火车相遇时间＝（A车长＋B车长＋距离）÷（A车速＋B车速）

火车过桥时间＝（车长＋桥长）÷车速

# 盈了还是亏了

博士的助手忘了昨天在雪地里堆了几个雪人，一路嘟囔着：拿了一盒煤球，给每个雪人做了 4 个扣子，最后剩下 8 个煤球，所以……

咦？之前一共几个煤球呢？

后来，我给每个雪人加了 1 个扣子，还剩下 2 个煤球。

这是典型的盈亏问题。博士助手将剩下的 8 个煤球给每个雪人分一个，还剩下 2 个，所以一共分了 6 个煤球，雪人的数量就是 6。

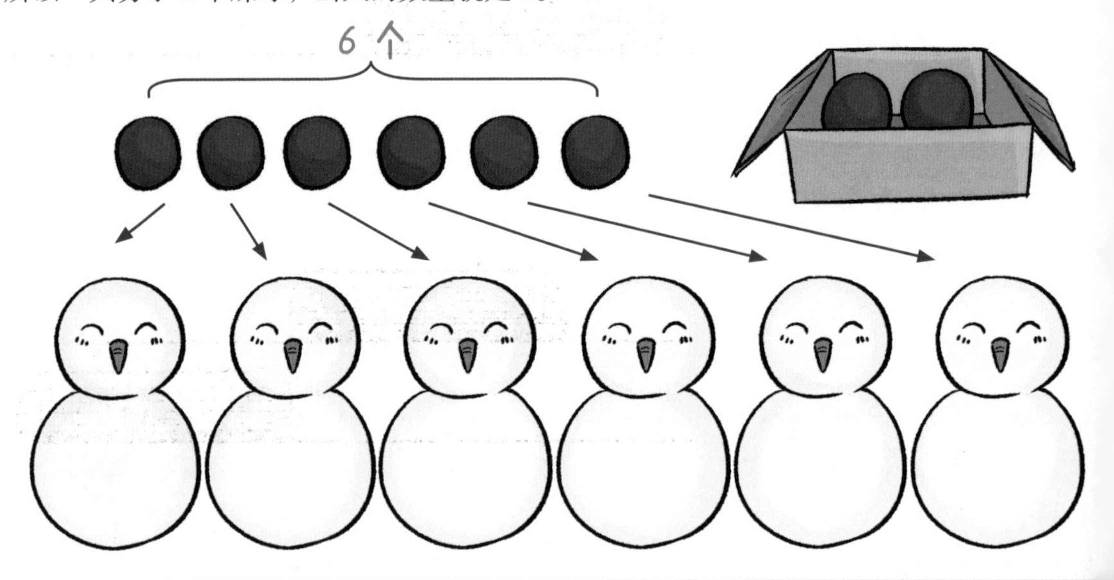

盈亏问题，就是把一定数量的物品平均分配两次，物品和分配数量都不知道多少，只知道在两次分配中一次有多余的，叫作盈，一次出现不足，叫作亏。也可能两次都有盈余，或者两次都不足，需要同学们算出物品数量或人数。

一家人吃饺子，每人 10 个少 9 个，每人 8 个多 7 个，这一家有多少人？

画线段图是这类题目的典型思考方法。饺子数量是不会变化的，但饺子分配过两次。

第一次分配：一个圆圈代表一个人，一个人分 10 个，最后少了 9 个饺子。
第二次分配：一个圆圈代表一个人，一个人分 8 个，最后多了 7 个。

两次分配饺子相差 7 + 9=16 个饺子，两次分配每人分得的饺子数相差 10 － 8=2 个饺子。于是，我们可以算出这家人数：16 ÷ 2=8 人。

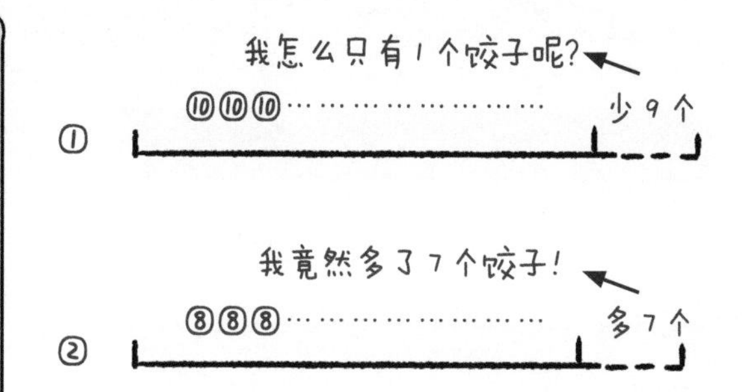


由此，我们还得出了盈亏问题的公式：

（一次剩余 + 一次不够）÷（两次分配量之差）= 参加分配的数量

除此之外，盈亏问题还有别的情况：
双亏：（大亏－小亏）÷（两次分配量之差）= 参加分配的数量
双盈：（大盈－小盈）÷（两次分配量之差）= 参加分配的数量

盈亏问题还有一套做题口诀：全盈全亏，大的减去小的；一盈一亏，盈亏加在一起，除以分配的差，结果就是分配的数量。

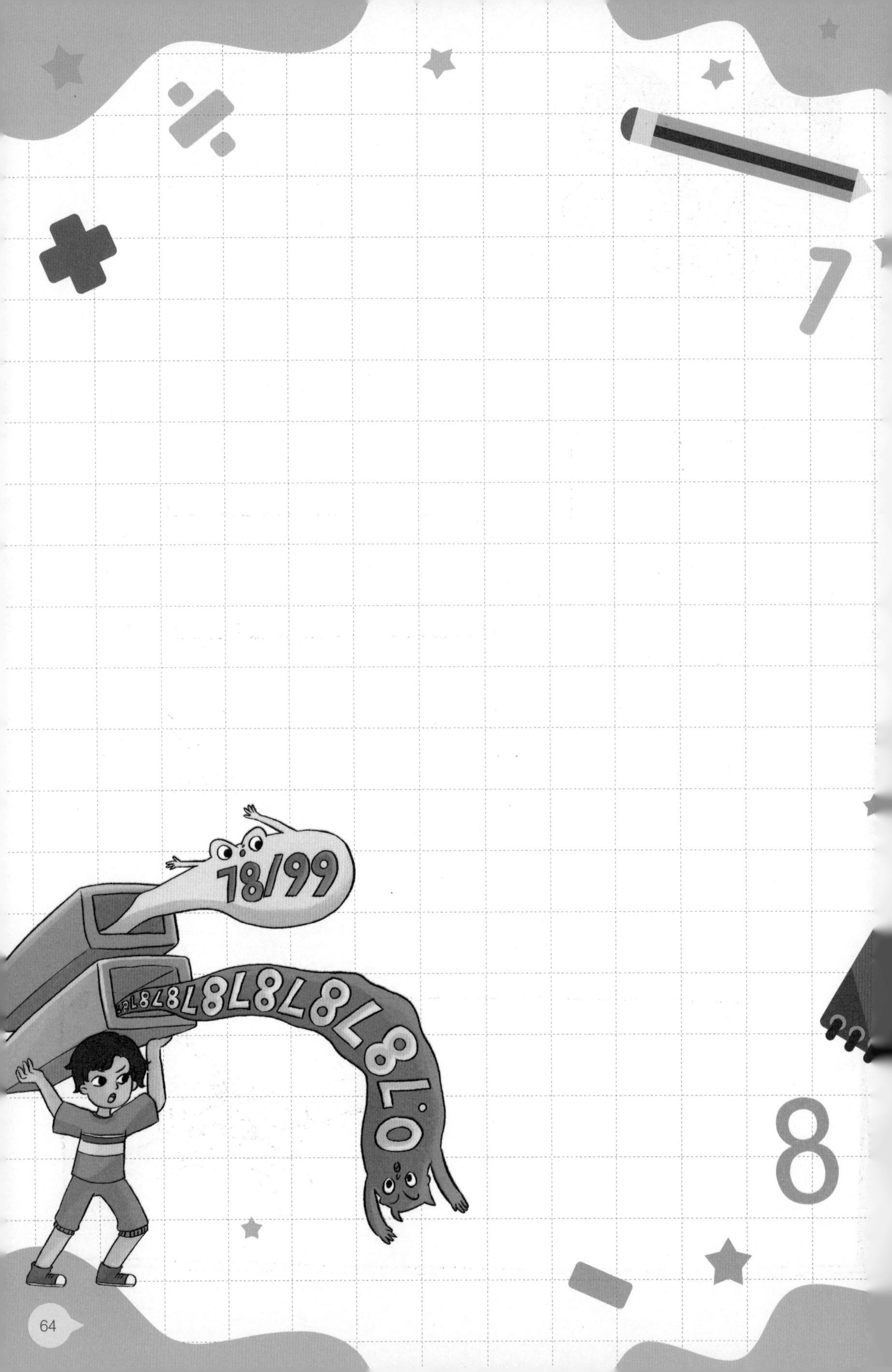
78/99